1일 10분 초등 메가 계산력

3

초등 2학년

자기 주도 학습력을 기르는 1일 10분 공부 습관!

공부가 쉬워지는 힘, 자기 주도 학습력!

자기 주도 학습력은 스스로 학습을 계획하고, 계획한 대로 실행하고, 결과를 평가하는 과정에서 향상됩니다.
이 과정을 매일 반복하여 훈련하다 보면 주체적인 학습이 가능해지며 이는 곧 공부 자신감으로 연결됩니다.

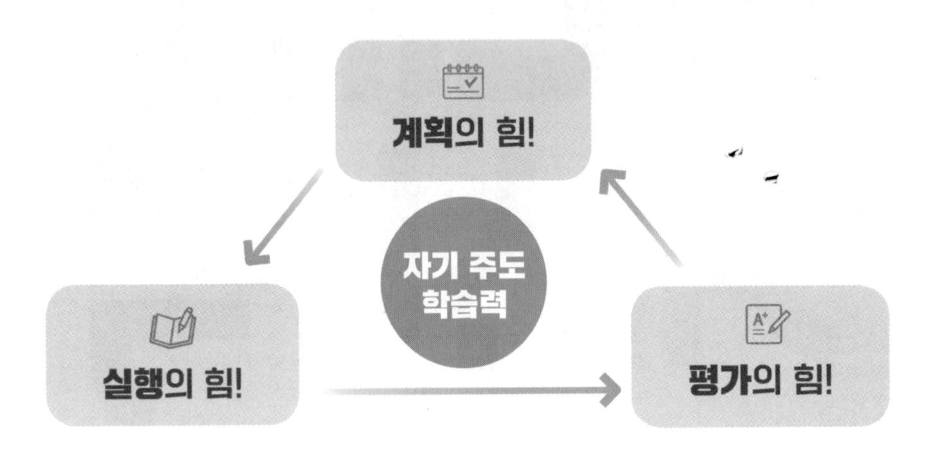

1일 10분 시리즈의 3단계 학습 로드맵

〈1일 10분〉 시리즈는 계획, 실행, 평가하는 3단계 학습 로드맵으로 자기 주도 학습력을 향상시킵니다.
또한 1일 10분씩 꾸준히 학습할 수 있는 **부담 없는 학습량으로 매일매일 공부 습관이 형성**됩니다.

1단계 학습 계획하기

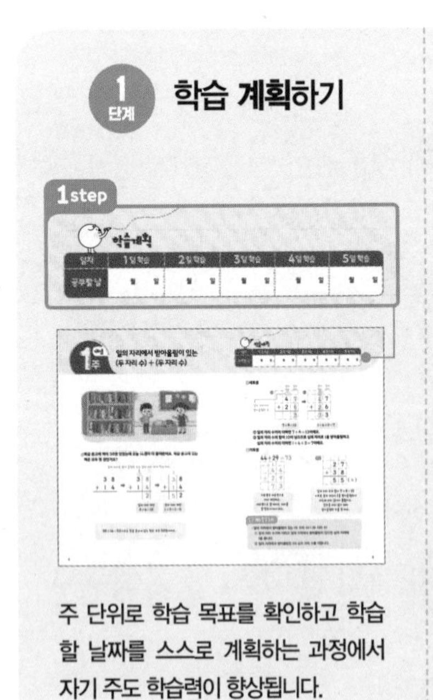

주 단위로 학습 목표를 확인하고 학습할 날짜를 스스로 계획하는 과정에서 자기 주도 학습력이 향상됩니다.

2단계 학습 실행하기

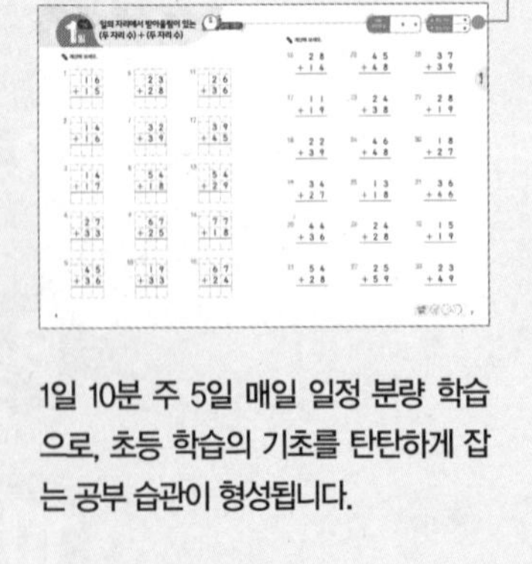

1일 10분 주 5일 매일 일정 분량 학습으로, 초등 학습의 기초를 탄탄하게 잡는 공부 습관이 형성됩니다.

3단계 결과 평가하기

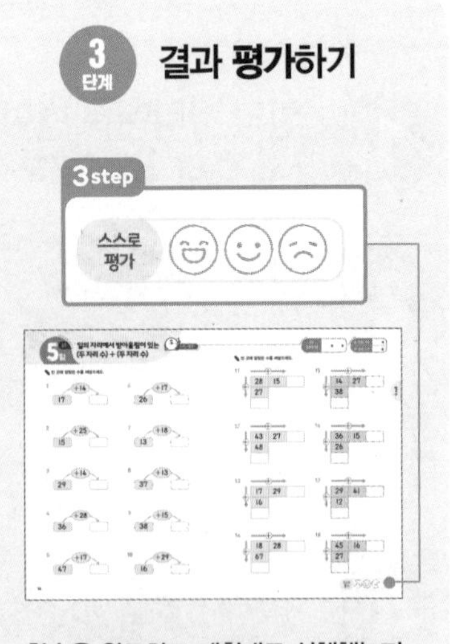

학습을 완료하고 계획대로 실행했는지 스스로 진단하며 성취감과 공부 자신감이 길러집니다.

구성과 특징

1일 10분
초등 메가 계산력

핵심 개념

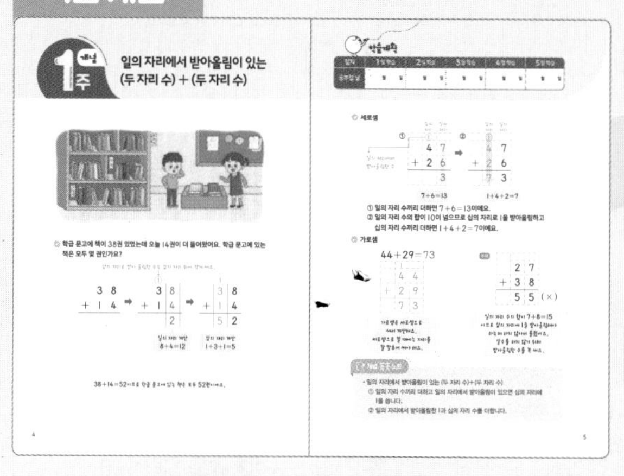

✚ 교과서 개념을 바탕으로 연산 원리를 쉽고 재미있게 이해할 수 있습니다.

연산 연습과 반복

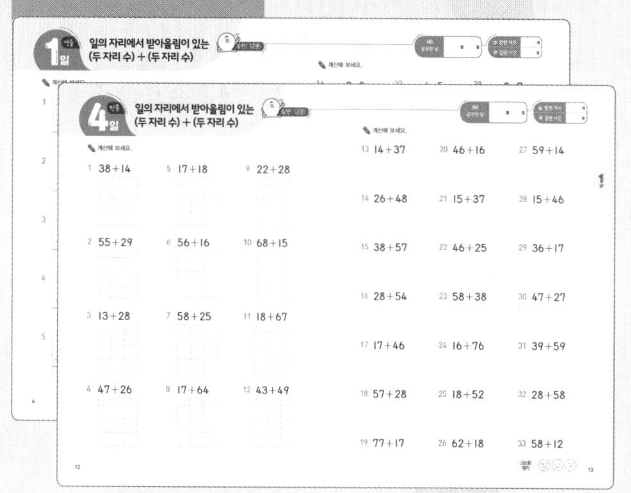

✚ 1일 10분 매일 공부하는 습관으로 연산 실력을 키울 수 있습니다.

연산 응용 학습

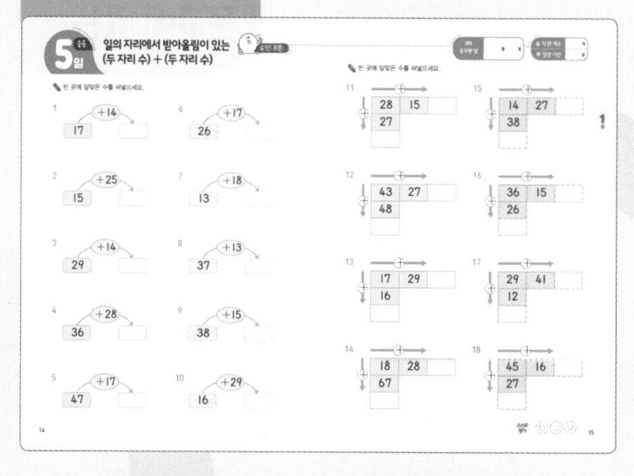

✚ 생각하며 푸는 연산으로 계산 원리를 완벽하게 이해할 수 있습니다.

생각 수학

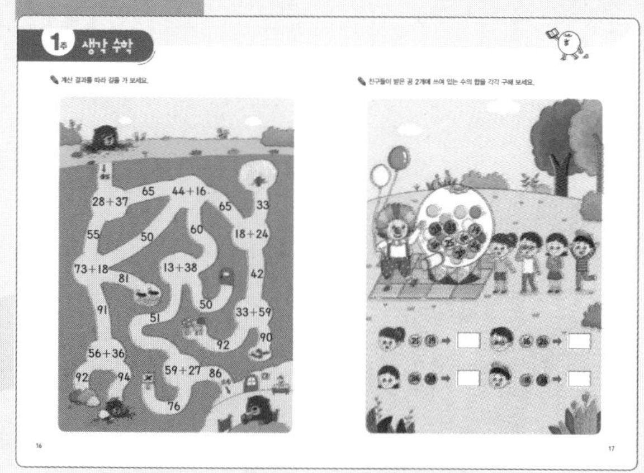

✚ 한 주 동안 공부한 연산을 활용한 문제로 수학적 사고력과 창의력을 키울 수 있습니다.

일의 자리에서 받아올림이 있는 (두 자리 수) + (두 자리 수)

학급 문고에 책이 38권 있었는데 오늘 14권이 더 들어왔어요. 학급 문고에 있는 책은 모두 몇 권인가요?

십의 자리로 받아 올림한 수는 십의 자리 위에 작게 써요.

$$\begin{array}{r} 38 \\ +\ 14 \\ \hline \end{array} \rightarrow \begin{array}{r} {}^{1}\ \ \\ 38 \\ +\ 14 \\ \hline 2 \end{array} \rightarrow \begin{array}{r} {}^{1}\ \ \\ 38 \\ +\ 14 \\ \hline 52 \end{array}$$

일의 자리 계산
8+4=12

십의 자리 계산
1+3+1=5

38+14=52이므로 학급 문고에 있는 책은 모두 52권이에요.

일차	1일 학습	2일 학습	3일 학습	4일 학습	5일 학습
공부할 날	월 일	월 일	월 일	월 일	월 일

세로셈

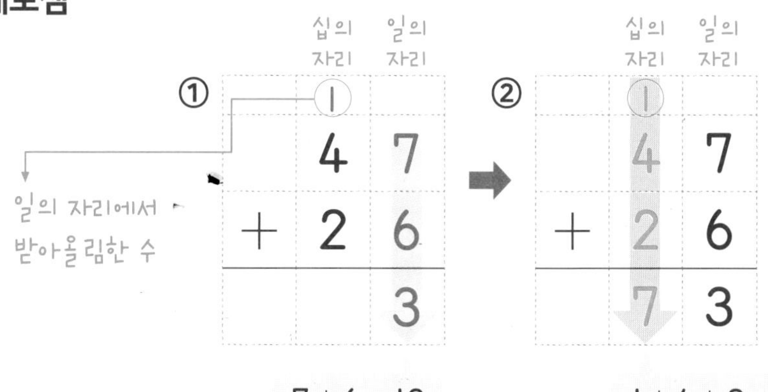

7+6=13 　　　　 1+4+2=7

① 일의 자리 수끼리 더하면 7+6=13이에요.
② 일의 자리 수의 합이 10이 넘으므로 십의 자리로 1을 받아올림하고 십의 자리 수끼리 더하면 1+4+2=7이에요.

가로셈

44+29=73

	1	
	4	4
+	2	9
	7	3

가로셈은 세로셈으로 써서 계산해요. 세로셈으로 쓸 때에는 자리를 잘 맞추어 써야 해요.

주의

	2	7
+	3	8
	5	5

(×)

일의 자리 수의 합이 7+8=15이므로 십의 자리에 1을 받아올림해야 하는데 하지 않아서 틀렸어요. 실수를 하지 않기 위해 받아올림한 수를 꼭 써요.

개념 쏙쏙 노트

- 일의 자리에서 받아올림이 있는 (두 자리 수)+(두 자리 수)
  ① 일의 자리 수끼리 더하고 일의 자리에서 받아올림이 있으면 십의 자리에 1을 씁니다.
  ② 일의 자리에서 받아올림한 1과 십의 자리 수를 더합니다.

1일 연습

일의 자리에서 받아올림이 있는 (두 자리 수) + (두 자리 수)

계산해 보세요.

1
$$\begin{array}{r} 16 \\ +\ 15 \\ \hline \end{array}$$

2
$$\begin{array}{r} 14 \\ +\ 16 \\ \hline \end{array}$$

3
$$\begin{array}{r} 14 \\ +\ 17 \\ \hline \end{array}$$

4
$$\begin{array}{r} 27 \\ +\ 33 \\ \hline \end{array}$$

5
$$\begin{array}{r} 45 \\ +\ 36 \\ \hline \end{array}$$

6
$$\begin{array}{r} 23 \\ +\ 28 \\ \hline \end{array}$$

7
$$\begin{array}{r} 32 \\ +\ 39 \\ \hline \end{array}$$

8
$$\begin{array}{r} 54 \\ +\ 18 \\ \hline \end{array}$$

9
$$\begin{array}{r} 67 \\ +\ 25 \\ \hline \end{array}$$

10
$$\begin{array}{r} 19 \\ +\ 33 \\ \hline \end{array}$$

11
$$\begin{array}{r} 26 \\ +\ 36 \\ \hline \end{array}$$

12
$$\begin{array}{r} 39 \\ +\ 45 \\ \hline \end{array}$$

13
$$\begin{array}{r} 54 \\ +\ 29 \\ \hline \end{array}$$

14
$$\begin{array}{r} 77 \\ +\ 18 \\ \hline \end{array}$$

15
$$\begin{array}{r} 67 \\ +\ 24 \\ \hline \end{array}$$

공부한 날 월 일

맞힌 개수 개

걸린 시간 분

계산해 보세요.

16
$$\begin{array}{r} 28 \\ +\ 14 \\ \hline \end{array}$$

17
$$\begin{array}{r} 11 \\ +\ 19 \\ \hline \end{array}$$

18
$$\begin{array}{r} 22 \\ +\ 39 \\ \hline \end{array}$$

19
$$\begin{array}{r} 34 \\ +\ 27 \\ \hline \end{array}$$

20
$$\begin{array}{r} 44 \\ +\ 36 \\ \hline \end{array}$$

21
$$\begin{array}{r} 54 \\ +\ 28 \\ \hline \end{array}$$

22
$$\begin{array}{r} 45 \\ +\ 48 \\ \hline \end{array}$$

23
$$\begin{array}{r} 24 \\ +\ 38 \\ \hline \end{array}$$

24
$$\begin{array}{r} 46 \\ +\ 48 \\ \hline \end{array}$$

25
$$\begin{array}{r} 13 \\ +\ 18 \\ \hline \end{array}$$

26
$$\begin{array}{r} 24 \\ +\ 28 \\ \hline \end{array}$$

27
$$\begin{array}{r} 25 \\ +\ 59 \\ \hline \end{array}$$

28
$$\begin{array}{r} 37 \\ +\ 39 \\ \hline \end{array}$$

29
$$\begin{array}{r} 28 \\ +\ 19 \\ \hline \end{array}$$

30
$$\begin{array}{r} 18 \\ +\ 27 \\ \hline \end{array}$$

31
$$\begin{array}{r} 36 \\ +\ 46 \\ \hline \end{array}$$

32
$$\begin{array}{r} 15 \\ +\ 19 \\ \hline \end{array}$$

33
$$\begin{array}{r} 23 \\ +\ 49 \\ \hline \end{array}$$

스스로 평가

2일 반복

일의 자리에서 받아올림이 있는 (두 자리 수) + (두 자리 수)

계산해 보세요.

1 $\begin{array}{r} 17 \\ +\ 45 \\ \hline \end{array}$

2 $\begin{array}{r} 48 \\ +\ 42 \\ \hline \end{array}$

3 $\begin{array}{r} 52 \\ +\ 19 \\ \hline \end{array}$

4 $\begin{array}{r} 27 \\ +\ 28 \\ \hline \end{array}$

5 $\begin{array}{r} 46 \\ +\ 17 \\ \hline \end{array}$

6 $\begin{array}{r} 29 \\ +\ 17 \\ \hline \end{array}$

7 $\begin{array}{r} 26 \\ +\ 36 \\ \hline \end{array}$

8 $\begin{array}{r} 36 \\ +\ 34 \\ \hline \end{array}$

9 $\begin{array}{r} 68 \\ +\ 15 \\ \hline \end{array}$

10 $\begin{array}{r} 78 \\ +\ 16 \\ \hline \end{array}$

11 $\begin{array}{r} 48 \\ +\ 16 \\ \hline \end{array}$

12 $\begin{array}{r} 25 \\ +\ 25 \\ \hline \end{array}$

13 $\begin{array}{r} 26 \\ +\ 55 \\ \hline \end{array}$

14 $\begin{array}{r} 47 \\ +\ 14 \\ \hline \end{array}$

15 $\begin{array}{r} 37 \\ +\ 16 \\ \hline \end{array}$

계산해 보세요.

16 $$\begin{array}{r} 17 \\ +\ 19 \\ \hline \end{array}$$

17 $$\begin{array}{r} 23 \\ +\ 19 \\ \hline \end{array}$$

18 $$\begin{array}{r} 43 \\ +\ 47 \\ \hline \end{array}$$

19 $$\begin{array}{r} 27 \\ +\ 28 \\ \hline \end{array}$$

20 $$\begin{array}{r} 46 \\ +\ 36 \\ \hline \end{array}$$

21 $$\begin{array}{r} 27 \\ +\ 29 \\ \hline \end{array}$$

22 $$\begin{array}{r} 14 \\ +\ 27 \\ \hline \end{array}$$

23 $$\begin{array}{r} 24 \\ +\ 28 \\ \hline \end{array}$$

24 $$\begin{array}{r} 34 \\ +\ 39 \\ \hline \end{array}$$

25 $$\begin{array}{r} 44 \\ +\ 47 \\ \hline \end{array}$$

26 $$\begin{array}{r} 39 \\ +\ 29 \\ \hline \end{array}$$

27 $$\begin{array}{r} 19 \\ +\ 53 \\ \hline \end{array}$$

28 $$\begin{array}{r} 35 \\ +\ 38 \\ \hline \end{array}$$

29 $$\begin{array}{r} 17 \\ +\ 25 \\ \hline \end{array}$$

30 $$\begin{array}{r} 47 \\ +\ 37 \\ \hline \end{array}$$

31 $$\begin{array}{r} 28 \\ +\ 25 \\ \hline \end{array}$$

32 $$\begin{array}{r} 28 \\ +\ 38 \\ \hline \end{array}$$

33 $$\begin{array}{r} 36 \\ +\ 45 \\ \hline \end{array}$$

스스로 평가

3일 반복

일의 자리에서 받아올림이 있는 (두 자리 수)+(두 자리 수)

계산해 보세요.

1 $13+18$

2 $25+58$

3 $26+67$

4 $36+39$

5 $46+45$

6 $38+56$

7 $17+57$

8 $14+78$

9 $16+55$

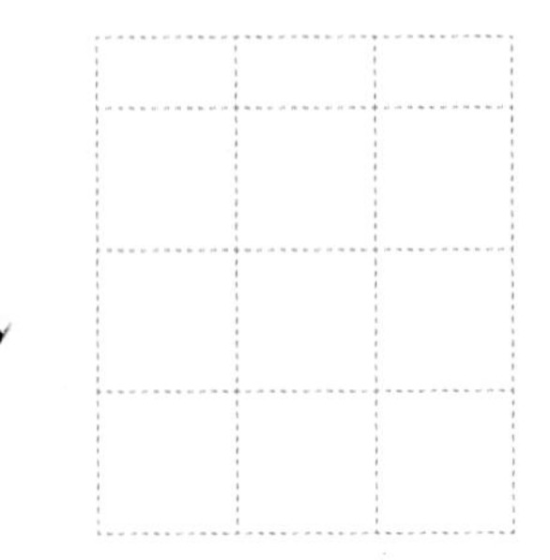

10 $29+13$

11 $28+18$

12 $47+16$

계산해 보세요.

13 $48+26$

14 $15+48$

15 $18+55$

16 $24+47$

17 $28+65$

18 $72+19$

19 $48+18$

20 $57+27$

21 $16+37$

22 $18+69$

23 $38+57$

24 $43+19$

25 $67+13$

26 $13+39$

27 $67+25$

28 $32+18$

29 $13+79$

30 $29+52$

31 $26+57$

32 $59+19$

33 $37+18$

스스로 평가

일의 자리에서 받아올림이 있는 (두 자리 수) + (두 자리 수)

 계산해 보세요.

1 $38+14$

5 $17+18$

9 $22+28$

2 $55+29$

6 $56+16$

10 $68+15$

3 $13+28$

7 $58+25$

11 $18+67$

4 $47+26$

8 $17+64$

12 $43+49$

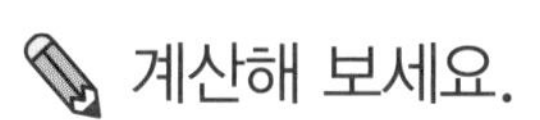

계산해 보세요.

13 14+37

14 26+48

15 38+57

16 28+54

17 17+46

18 57+28

19 77+17

20 46+16

21 15+37

22 46+25

23 58+38

24 16+76

25 18+52

26 62+18

27 59+14

28 15+46

29 36+17

30 47+27

31 39+59

32 28+58

33 58+12

5일 응용 일의 자리에서 받아올림이 있는 (두 자리 수) + (두 자리 수)

빈 곳에 알맞은 수를 써넣으세요.

1

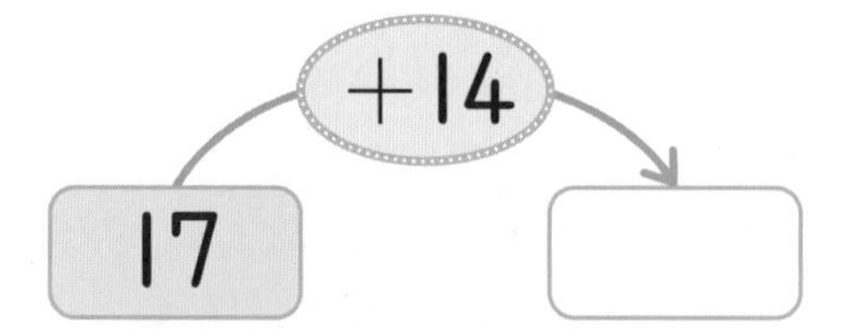

2

3

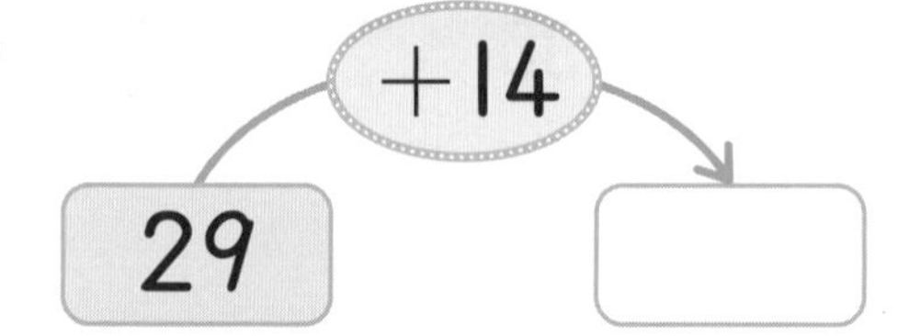

4

5

6

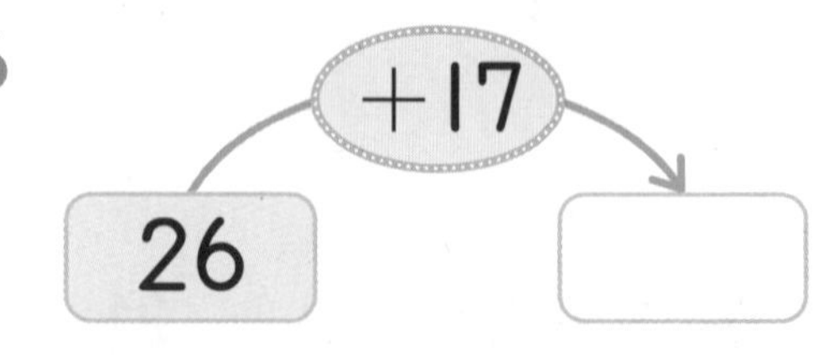

7

8

9

10

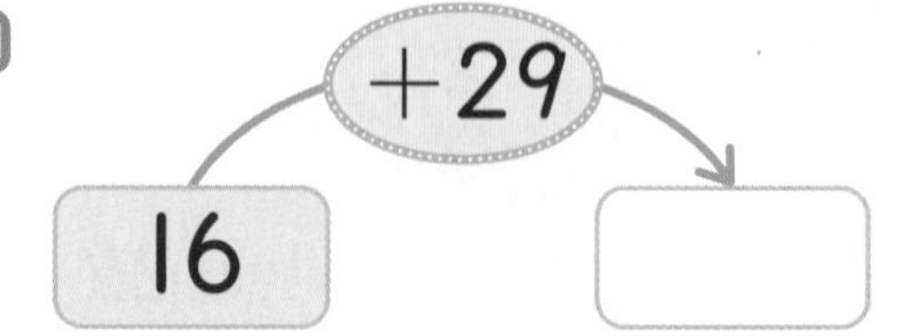

 빈 곳에 알맞은 수를 써넣으세요.

11

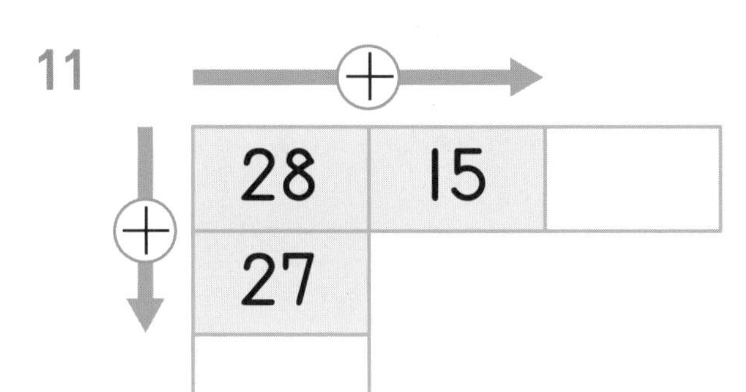

12

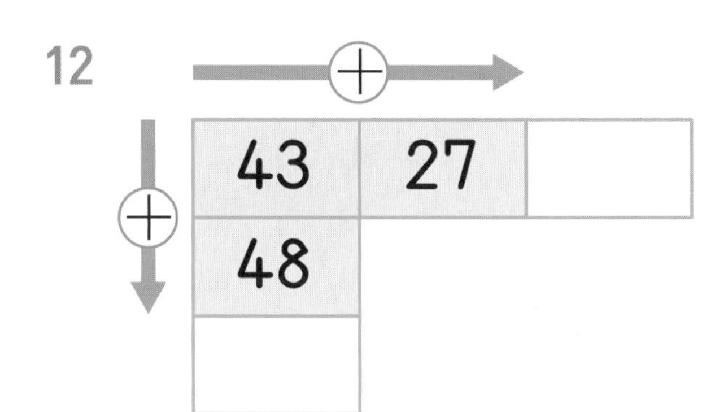

13

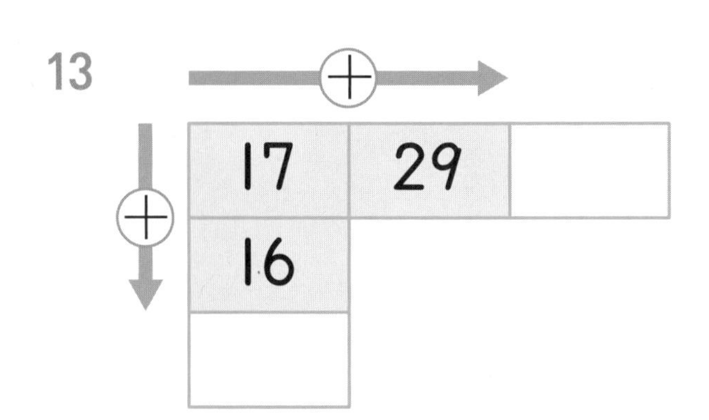

14

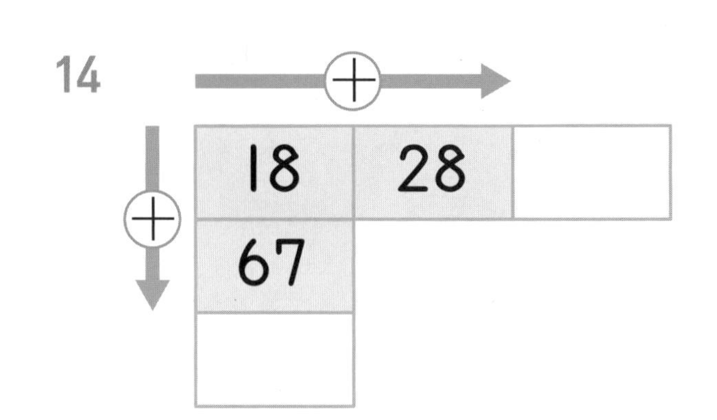

15

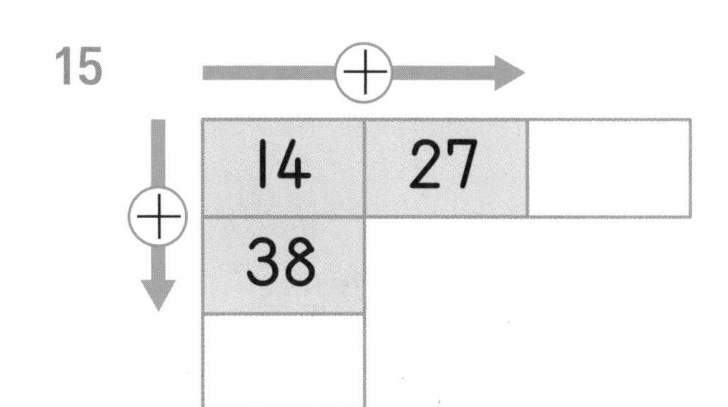

16

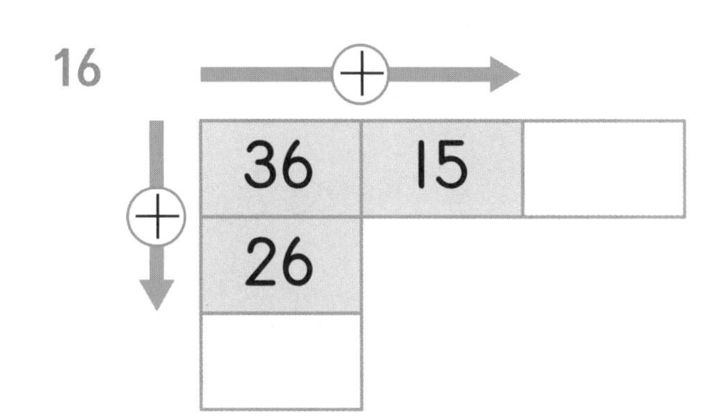

17

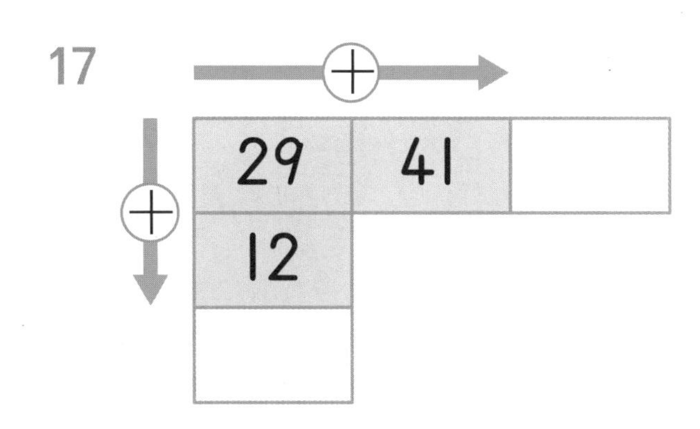

18

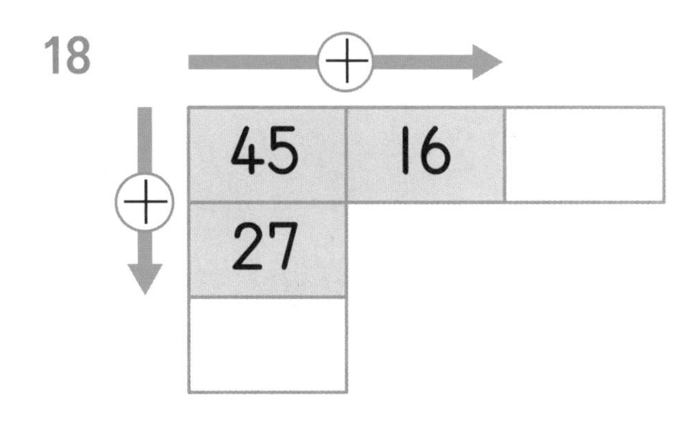

스스로 평가

계산 결과를 따라 길을 가 보세요.

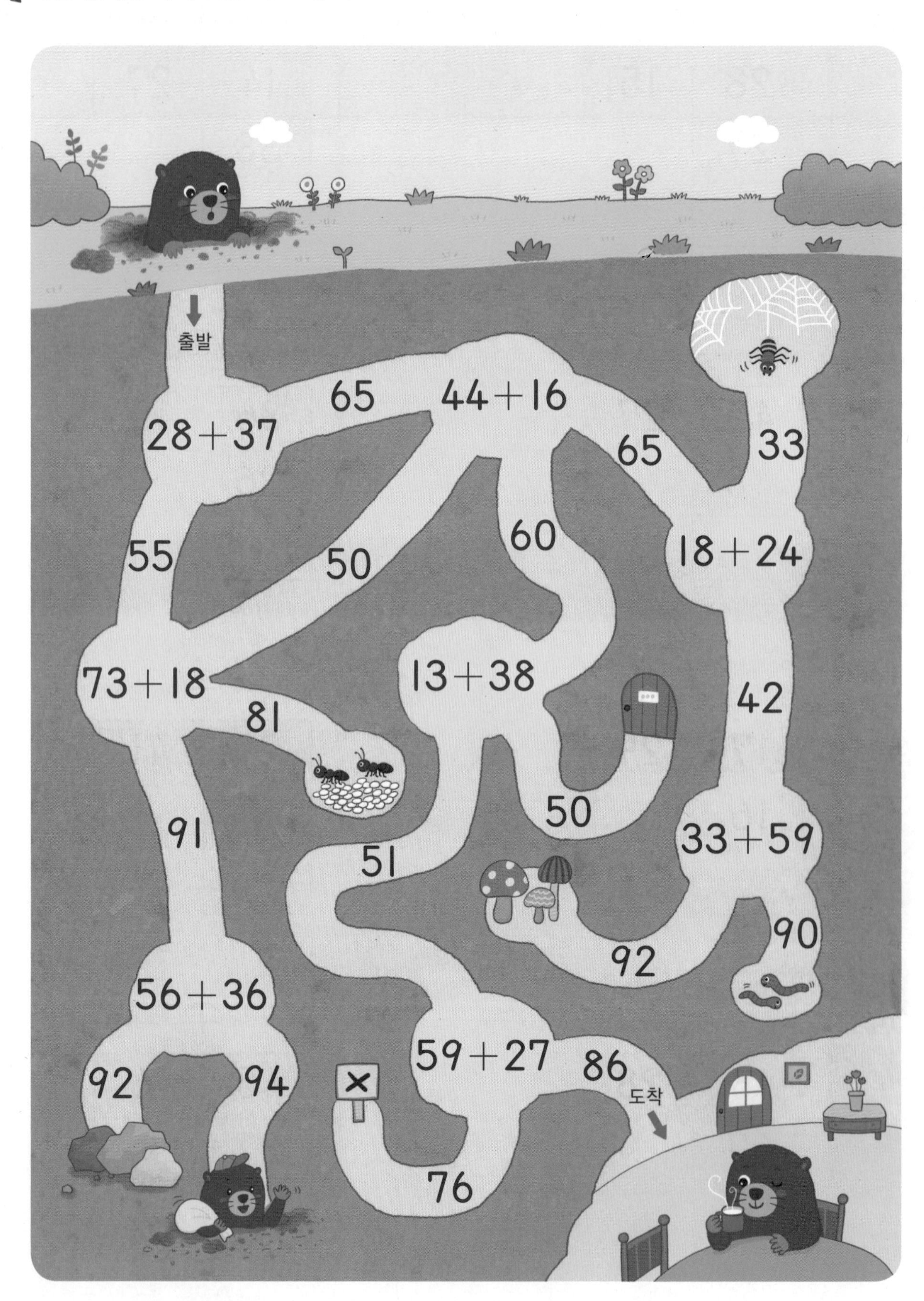

친구들이 받은 공 2개에 쓰여 있는 수의 합을 각각 구해 보세요.

십의 자리에서 받아올림이 있는 (두 자리 수)+(두 자리 수)

그림 카드를 희원이네 모둠은 53장, 준수네 모둠은 52장 만들었어요. 두 모둠에서 만든 그림 카드는 모두 몇 장인가요?

$$\begin{array}{r} 53 \\ +\ 52 \\ \hline \end{array} \Rightarrow \begin{array}{r} 53 \\ +\ 52 \\ \hline 5 \end{array} \Rightarrow \begin{array}{r} 53 \\ +\ 52 \\ \hline 105 \end{array}$$

일의 자리 계산
3+2=5

십의 자리 계산
5+5=10

→ 십의 자리에서 올림한 수예요.

53+52=105이므로 두 모둠에서 만든 그림 카드는 모두 105장이에요.

일차	1일 학습	2일 학습	3일 학습	4일 학습	5일 학습
공부할 날	월 일	월 일	월 일	월 일	월 일

세로셈

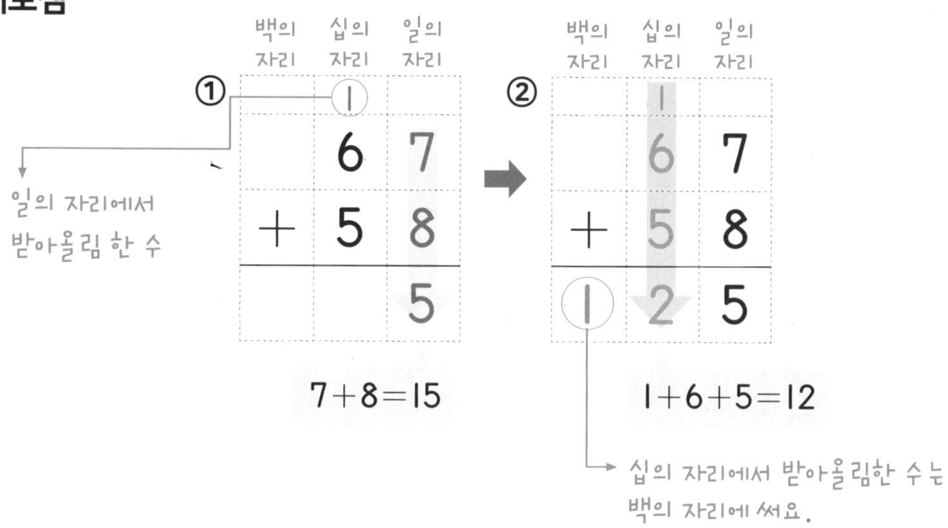

① 일의 자리 수끼리 더하면 7+8=15이므로 일의 자리에 5를 쓰고 1을 십의 자리로 받아올림해요.

② 십의 자리 수끼리 더하면 1+6+5=12이므로 십의 자리에 2를 쓰고 백의 자리에 1을 써요.

가로셈

73+49=122

백의 자리	십의 자리	일의 자리
	1	
	7	3
+	4	9
1	2	2

일의 자리와 십의 자리에서 받아올림이 있어요.
십의 자리에서 받아올림한 수는 백의 자리 위에 작게 쓰지 않고 백의 자리에 써요.

개념 쏙쏙 노트

• 십의 자리에서 받아올림이 있는 (두 자리 수)+(두 자리 수)

① 일의 자리 수끼리 더하고 일의 자리에서 받아올림이 있으면 십의 자리 위에 1을 작게 씁니다.

② 일의 자리에서 받아올림한 1과 십의 자리 수를 더하고 십의 자리에서 받아올림이 있으면 백의 자리에 1을 씁니다.

1일 연습

십의 자리에서 받아올림이 있는 (두 자리 수) + (두 자리 수)

계산해 보세요.

1

	4	0
+	6	0

2

	4	0
+	6	5

3

	5	2
+	6	3

4

	5	4
+	5	3

5

	6	2
+	6	4

6

	3	6
+	7	2

7

	4	8
+	7	1

8

	6	0
+	7	4

9

	6	5
+	7	4

10

	9	2
+	8	3

11

	5	6
+	6	2

12

	6	2
+	6	3

13

	7	2
+	8	6

14

	8	4
+	9	1

15

	9	3
+	4	2

계산해 보세요.

16. $\begin{array}{r} 53 \\ +\ 52 \\ \hline \end{array}$

17. $\begin{array}{r} 63 \\ +\ 54 \\ \hline \end{array}$

18. $\begin{array}{r} 82 \\ +\ 45 \\ \hline \end{array}$

19. $\begin{array}{r} 94 \\ +\ 33 \\ \hline \end{array}$

20. $\begin{array}{r} 41 \\ +\ 78 \\ \hline \end{array}$

21. $\begin{array}{r} 42 \\ +\ 64 \\ \hline \end{array}$

22. $\begin{array}{r} 33 \\ +\ 85 \\ \hline \end{array}$

23. $\begin{array}{r} 74 \\ +\ 93 \\ \hline \end{array}$

24. $\begin{array}{r} 57 \\ +\ 81 \\ \hline \end{array}$

25. $\begin{array}{r} 92 \\ +\ 44 \\ \hline \end{array}$

26. $\begin{array}{r} 86 \\ +\ 52 \\ \hline \end{array}$

27. $\begin{array}{r} 61 \\ +\ 75 \\ \hline \end{array}$

28. $\begin{array}{r} 72 \\ +\ 75 \\ \hline \end{array}$

29. $\begin{array}{r} 82 \\ +\ 96 \\ \hline \end{array}$

30. $\begin{array}{r} 91 \\ +\ 67 \\ \hline \end{array}$

31. $\begin{array}{r} 64 \\ +\ 85 \\ \hline \end{array}$

32. $\begin{array}{r} 83 \\ +\ 72 \\ \hline \end{array}$

33. $\begin{array}{r} 85 \\ +\ 33 \\ \hline \end{array}$

스스로 평가

2일 반복

십의 자리에서 받아올림이 있는 (두 자리 수) + (두 자리 수)

계산해 보세요.

1
$$\begin{array}{r} 68 \\ +\ 54 \\ \hline \end{array}$$

2
$$\begin{array}{r} 67 \\ +\ 97 \\ \hline \end{array}$$

3
$$\begin{array}{r} 88 \\ +\ 32 \\ \hline \end{array}$$

4
$$\begin{array}{r} 89 \\ +\ 92 \\ \hline \end{array}$$

5
$$\begin{array}{r} 87 \\ +\ 84 \\ \hline \end{array}$$

6
$$\begin{array}{r} 88 \\ +\ 55 \\ \hline \end{array}$$

7
$$\begin{array}{r} 97 \\ +\ 76 \\ \hline \end{array}$$

8
$$\begin{array}{r} 97 \\ +\ 45 \\ \hline \end{array}$$

9
$$\begin{array}{r} 73 \\ +\ 68 \\ \hline \end{array}$$

10
$$\begin{array}{r} 49 \\ +\ 72 \\ \hline \end{array}$$

11
$$\begin{array}{r} 97 \\ +\ 95 \\ \hline \end{array}$$

12
$$\begin{array}{r} 78 \\ +\ 85 \\ \hline \end{array}$$

13
$$\begin{array}{r} 88 \\ +\ 46 \\ \hline \end{array}$$

14
$$\begin{array}{r} 27 \\ +\ 93 \\ \hline \end{array}$$

15
$$\begin{array}{r} 72 \\ +\ 58 \\ \hline \end{array}$$

 계산해 보세요.

16 $\begin{array}{r} 6\ 6 \\ +\ 5\ 8 \\ \hline \end{array}$

17 $\begin{array}{r} 7\ 5 \\ +\ 5\ 9 \\ \hline \end{array}$

18 $\begin{array}{r} 9\ 5 \\ +\ 9\ 8 \\ \hline \end{array}$

19 $\begin{array}{r} 6\ 8 \\ +\ 7\ 3 \\ \hline \end{array}$

20 $\begin{array}{r} 3\ 7 \\ +\ 9\ 7 \\ \hline \end{array}$

21 $\begin{array}{r} 8\ 5 \\ +\ 3\ 8 \\ \hline \end{array}$

22 $\begin{array}{r} 8\ 7 \\ +\ 7\ 8 \\ \hline \end{array}$

23 $\begin{array}{r} 9\ 8 \\ +\ 6\ 9 \\ \hline \end{array}$

24 $\begin{array}{r} 5\ 7 \\ +\ 8\ 9 \\ \hline \end{array}$

25 $\begin{array}{r} 4\ 8 \\ +\ 9\ 4 \\ \hline \end{array}$

26 $\begin{array}{r} 6\ 7 \\ +\ 6\ 6 \\ \hline \end{array}$

27 $\begin{array}{r} 6\ 7 \\ +\ 7\ 5 \\ \hline \end{array}$

28 $\begin{array}{r} 8\ 9 \\ +\ 8\ 4 \\ \hline \end{array}$

29 $\begin{array}{r} 7\ 9 \\ +\ 9\ 6 \\ \hline \end{array}$

30 $\begin{array}{r} 5\ 7 \\ +\ 9\ 5 \\ \hline \end{array}$

31 $\begin{array}{r} 4\ 8 \\ +\ 8\ 3 \\ \hline \end{array}$

32 $\begin{array}{r} 7\ 6 \\ +\ 4\ 6 \\ \hline \end{array}$

33 $\begin{array}{r} 9\ 8 \\ +\ 8\ 3 \\ \hline \end{array}$

3일 반복
십의 자리에서 받아올림이 있는 (두 자리 수) + (두 자리 수)

계산해 보세요.

1 52+53

5 77+41

9 18+91

2 63+44

6 93+20

10 50+84

3 54+92

7 82+35

11 63+93

4 65+63

8 66+53

12 95+34

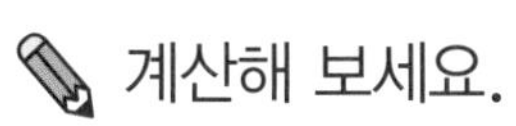
계산해 보세요.

13 $63+67$

14 $84+28$

15 $75+66$

16 $77+97$

17 $54+58$

18 $82+79$

19 $38+95$

20 $96+28$

21 $59+84$

22 $97+87$

23 $84+68$

24 $67+94$

25 $75+56$

26 $42+99$

27 $53+89$

28 $94+18$

29 $77+78$

30 $99+91$

31 $45+85$

32 $95+56$

33 $67+58$

스스로 평가

십의 자리에서 받아올림이 있는 (두 자리 수) + (두 자리 수)

 계산해 보세요.

1 $47+73$

5 $46+88$

9 $27+87$

2 $88+84$

6 $97+25$

10 $47+95$

3 $67+65$

7 $69+54$

11 $73+59$

4 $76+77$

8 $64+57$

12 $75+96$

계산해 보세요.

13 $46+65$

14 $51+59$

15 $53+89$

16 $95+48$

17 $87+86$

18 $59+75$

19 $67+77$

20 $65+57$

21 $74+97$

22 $97+34$

23 $74+68$

24 $95+96$

25 $35+77$

26 $18+98$

27 $74+78$

28 $66+85$

29 $84+98$

30 $88+74$

31 $89+25$

32 $94+59$

33 $84+67$

십의 자리에서 받아올림이 있는 (두 자리 수) + (두 자리 수)

빈 곳에 알맞은 수를 써넣으세요.

1 | 63 | +52 | |

2 | 76 | +75 | |

3 | 82 | +74 | |

4 | 43 | +81 | |

5 | 56 | +98 | |

6 | 87 | +82 | |

7 | 91 | +73 | |

8 | 94 | +82 | |

9 | 68 | +69 | |

10 | 57 | +78 | |

빈 곳에 알맞은 수를 써넣으세요.

11
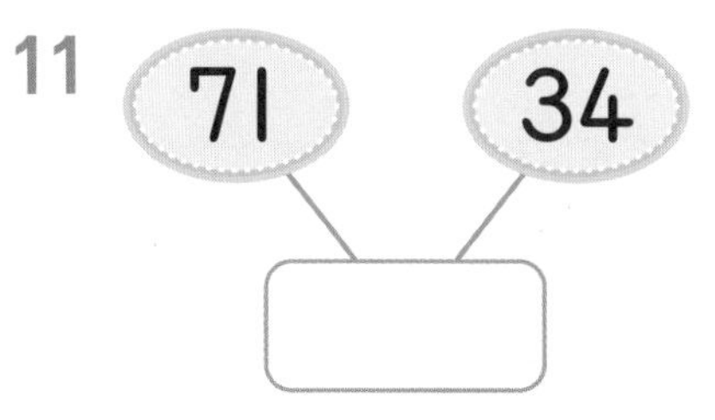

16

12
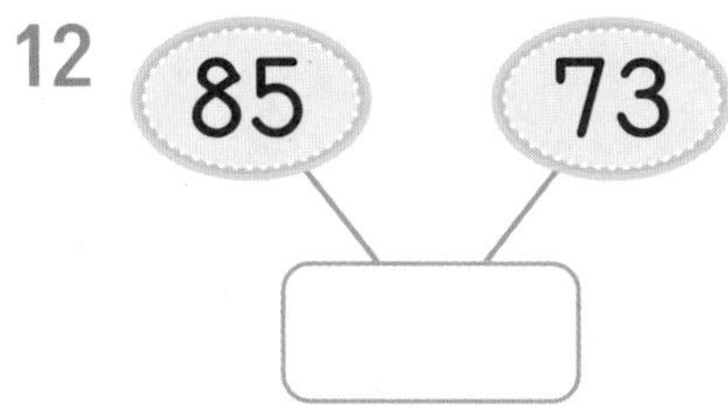

17
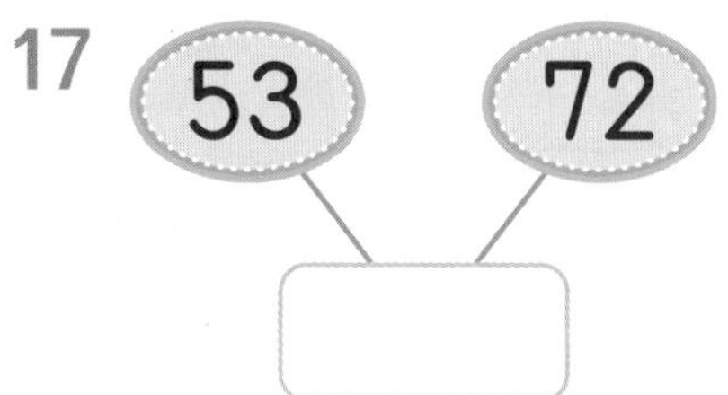

13
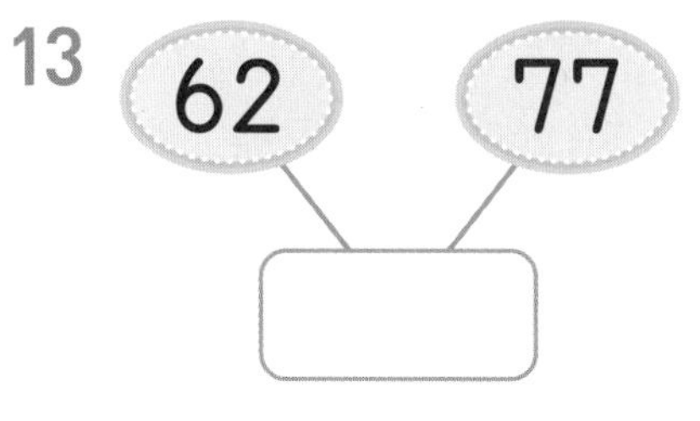

18
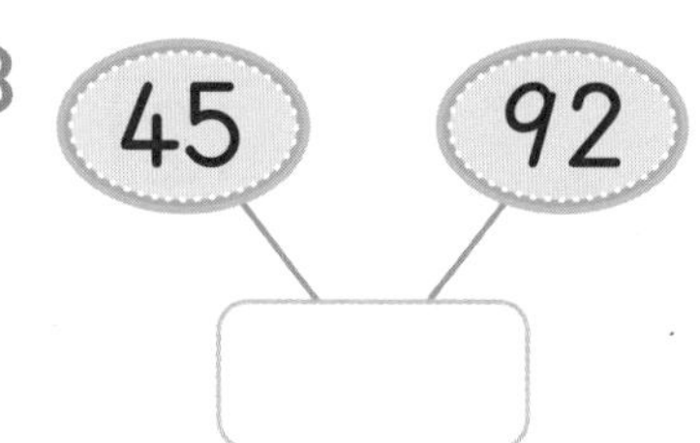

14
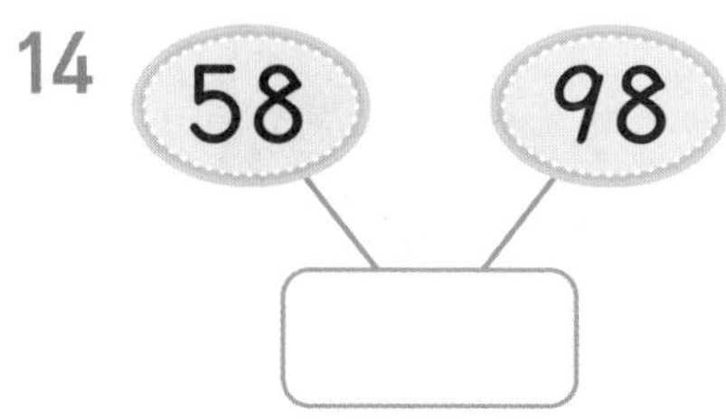

19

15
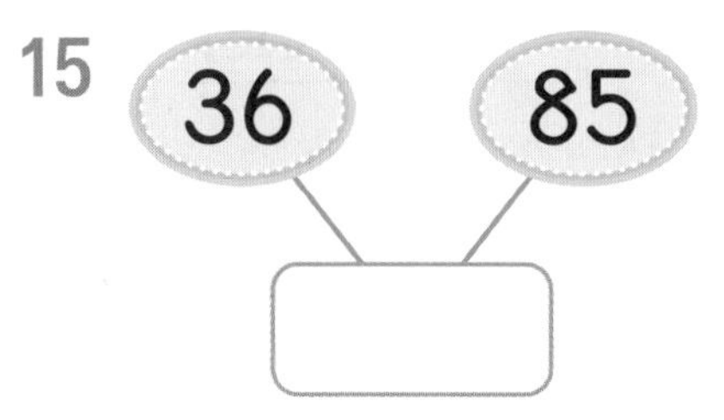

20

2주 생각 수학

주어진 계산 결과가 나오는 덧셈식을 찾아 붙임 딱지를 붙여 보세요. 붙임딱지

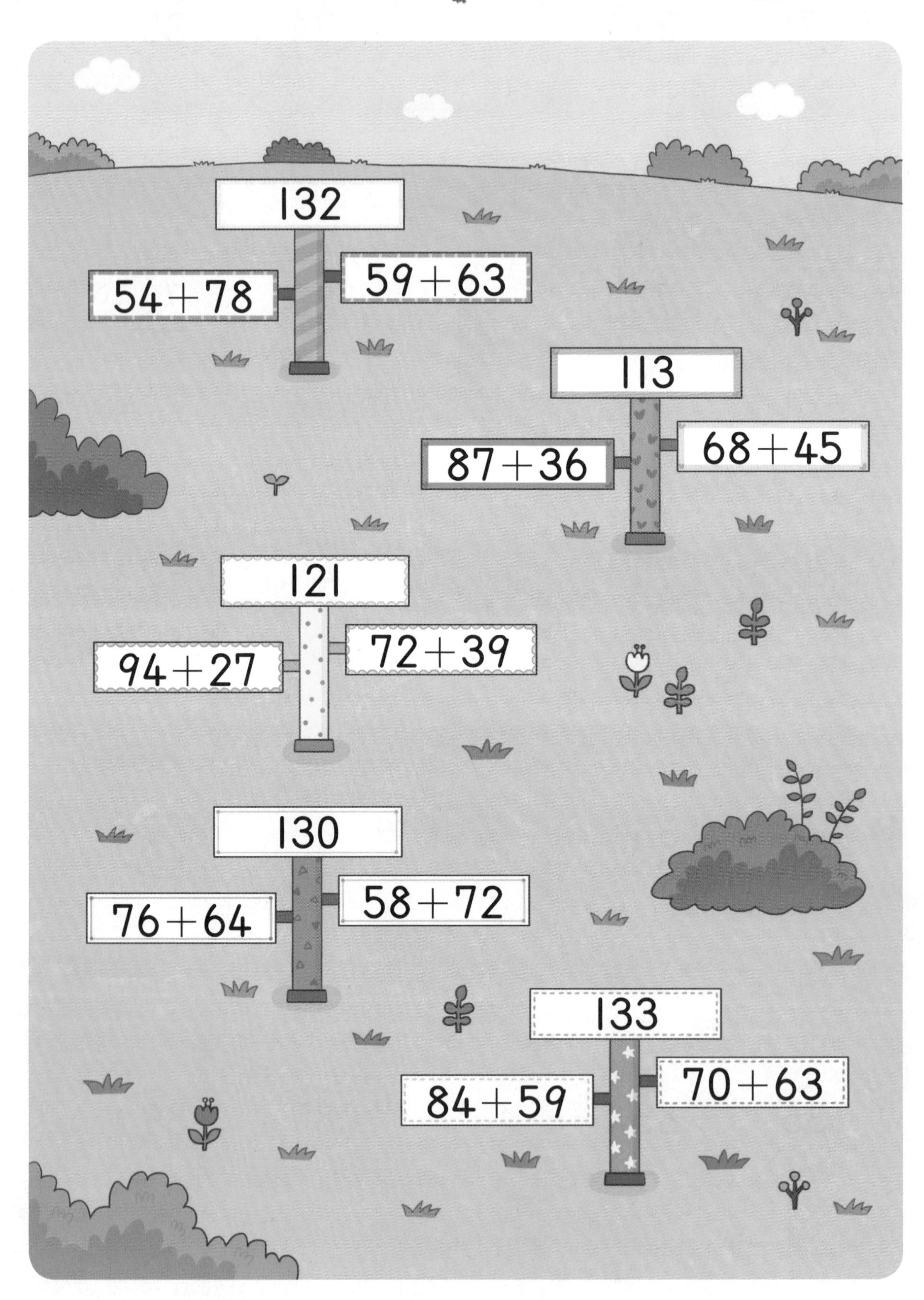

✎ 각 농장에 있는 동물의 수를 구해 보세요.

햇살 농장

☐ + ☐ = ☐ (마리)

구름 농장

☐ + ☐ = ☐ (마리)

이슬 농장

☐ + ☐ = ☐ (마리)

행복 농장

☐ + ☐ = ☐ (마리)

받아내림이 있는 (두 자리 수) − (두 자리 수)

마라톤 대회에서 선수들이 마실 물을 42컵 준비했어요. 그중에서 선수들이 28컵을 마셨다면 남은 물은 몇 컵인가요?

받아내림하고 남은 수 / 십의 자리에서 받아내림한 수

$$\begin{array}{rr} 4 & 2 \\ - \ 2 & 8 \\ \hline \end{array} \rightarrow \begin{array}{rr} \overset{3}{\cancel{4}} & \overset{10}{2} \\ - \ 2 & 8 \\ \hline & 4 \end{array} \rightarrow \begin{array}{rr} \overset{3}{\cancel{4}} & \overset{10}{2} \\ - \ 2 & 8 \\ \hline 1 & 4 \end{array}$$

일의 자리 계산
12−8=4

십의 자리 계산
3−2=1

42−28=14이므로 선수들이 마시고 남은 물은 14컵이에요.

일차	1일 학습	2일 학습	3일 학습	4일 학습	5일 학습
공부할 날	월 일	월 일	월 일	월 일	월 일

세로셈

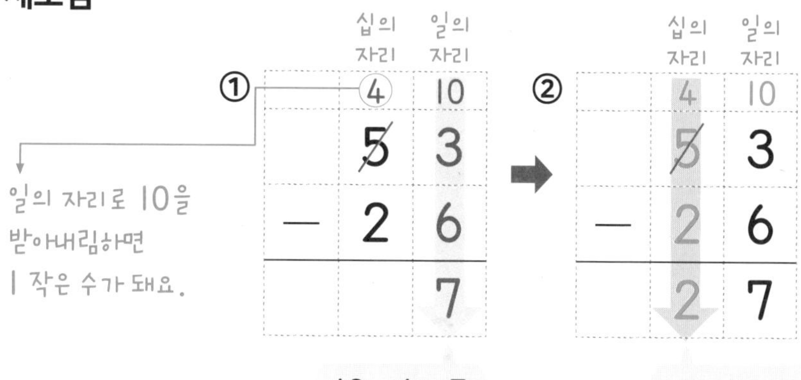

13−6=7

4−2=2

① 3에서 6을 뺄 수 없으므로 십의 자리에서 10을 받아내림하여 빼면 일의 자리 수는 13−6=7이에요.

② 5에서 일의 자리로 10을 받아내림하고 남은 수는 4이므로 십의 자리 수는 4−2=2예요.

가로셈

42−15=27

	3	10
	~~4~~	2
−	1	5
	2	7

받아내림한 수는 일의 자리 위에,
받아내림하고 남은 수는 십의 자리 위에 작게 써요.
받아내림한 수를 꼭 써야 실수하지 않을 수 있어요.

개념 쏙쏙 노트

- 받아내림이 있는 (두 자리 수)−(두 자리 수)
  ① 일의 자리 수끼리 뺄 수 없을 때에는 십의 자리에서 10을 받아내림하여 뺍니다.
  ② 받아내림하고 남은 십의 자리 수와 십의 자리 수를 뺍니다.

1일 연습 받아내림이 있는 (두 자리 수) − (두 자리 수)

계산해 보세요.

1 $\begin{array}{r} 40 \\ -\ 11 \\ \hline \end{array}$

2 $\begin{array}{r} 90 \\ -\ 55 \\ \hline \end{array}$

3 $\begin{array}{r} 71 \\ -\ 52 \\ \hline \end{array}$

4 $\begin{array}{r} 92 \\ -\ 24 \\ \hline \end{array}$

5 $\begin{array}{r} 73 \\ -\ 25 \\ \hline \end{array}$

6 $\begin{array}{r} 82 \\ -\ 67 \\ \hline \end{array}$

7 $\begin{array}{r} 83 \\ -\ 48 \\ \hline \end{array}$

8 $\begin{array}{r} 92 \\ -\ 66 \\ \hline \end{array}$

9 $\begin{array}{r} 73 \\ -\ 37 \\ \hline \end{array}$

10 $\begin{array}{r} 82 \\ -\ 14 \\ \hline \end{array}$

11 $\begin{array}{r} 71 \\ -\ 45 \\ \hline \end{array}$

12 $\begin{array}{r} 92 \\ -\ 77 \\ \hline \end{array}$

13 $\begin{array}{r} 83 \\ -\ 34 \\ \hline \end{array}$

14 $\begin{array}{r} 93 \\ -\ 17 \\ \hline \end{array}$

15 $\begin{array}{r} 62 \\ -\ 33 \\ \hline \end{array}$

 계산해 보세요.

16
$$\begin{array}{r} 34 \\ -\ 19 \\ \hline \end{array}$$

17
$$\begin{array}{r} 82 \\ -\ 39 \\ \hline \end{array}$$

18
$$\begin{array}{r} 84 \\ -\ 48 \\ \hline \end{array}$$

19
$$\begin{array}{r} 92 \\ -\ 17 \\ \hline \end{array}$$

20
$$\begin{array}{r} 74 \\ -\ 27 \\ \hline \end{array}$$

21
$$\begin{array}{r} 67 \\ -\ 49 \\ \hline \end{array}$$

22
$$\begin{array}{r} 73 \\ -\ 25 \\ \hline \end{array}$$

23
$$\begin{array}{r} 45 \\ -\ 28 \\ \hline \end{array}$$

24
$$\begin{array}{r} 62 \\ -\ 15 \\ \hline \end{array}$$

25
$$\begin{array}{r} 73 \\ -\ 59 \\ \hline \end{array}$$

26
$$\begin{array}{r} 65 \\ -\ 29 \\ \hline \end{array}$$

27
$$\begin{array}{r} 71 \\ -\ 59 \\ \hline \end{array}$$

28
$$\begin{array}{r} 92 \\ -\ 64 \\ \hline \end{array}$$

29
$$\begin{array}{r} 45 \\ -\ 17 \\ \hline \end{array}$$

30
$$\begin{array}{r} 83 \\ -\ 57 \\ \hline \end{array}$$

31
$$\begin{array}{r} 82 \\ -\ 18 \\ \hline \end{array}$$

32
$$\begin{array}{r} 74 \\ -\ 46 \\ \hline \end{array}$$

33
$$\begin{array}{r} 57 \\ -\ 48 \\ \hline \end{array}$$

스스로 평가

2일 반복

받아내림이 있는 (두 자리 수) − (두 자리 수)

계산해 보세요.

1. $\begin{array}{r} 83 \\ -\ 19 \\ \hline \end{array}$

2. $\begin{array}{r} 72 \\ -\ 46 \\ \hline \end{array}$

3. $\begin{array}{r} 53 \\ -\ 37 \\ \hline \end{array}$

4. $\begin{array}{r} 61 \\ -\ 38 \\ \hline \end{array}$

5. $\begin{array}{r} 83 \\ -\ 25 \\ \hline \end{array}$

6. $\begin{array}{r} 72 \\ -\ 37 \\ \hline \end{array}$

7. $\begin{array}{r} 41 \\ -\ 19 \\ \hline \end{array}$

8. $\begin{array}{r} 52 \\ -\ 15 \\ \hline \end{array}$

9. $\begin{array}{r} 61 \\ -\ 59 \\ \hline \end{array}$

10. $\begin{array}{r} 83 \\ -\ 36 \\ \hline \end{array}$

11. $\begin{array}{r} 33 \\ -\ 18 \\ \hline \end{array}$

12. $\begin{array}{r} 71 \\ -\ 24 \\ \hline \end{array}$

13. $\begin{array}{r} 71 \\ -\ 15 \\ \hline \end{array}$

14. $\begin{array}{r} 52 \\ -\ 23 \\ \hline \end{array}$

15. $\begin{array}{r} 82 \\ -\ 48 \\ \hline \end{array}$

 계산해 보세요.

16 $\begin{array}{r} 31 \\ -\ 27 \\ \hline \end{array}$

17 $\begin{array}{r} 72 \\ -\ 48 \\ \hline \end{array}$

18 $\begin{array}{r} 84 \\ -\ 58 \\ \hline \end{array}$

19 $\begin{array}{r} 84 \\ -\ 16 \\ \hline \end{array}$

20 $\begin{array}{r} 43 \\ -\ 17 \\ \hline \end{array}$

21 $\begin{array}{r} 67 \\ -\ 49 \\ \hline \end{array}$

22 $\begin{array}{r} 85 \\ -\ 47 \\ \hline \end{array}$

23 $\begin{array}{r} 98 \\ -\ 69 \\ \hline \end{array}$

24 $\begin{array}{r} 72 \\ -\ 24 \\ \hline \end{array}$

25 $\begin{array}{r} 52 \\ -\ 27 \\ \hline \end{array}$

26 $\begin{array}{r} 63 \\ -\ 18 \\ \hline \end{array}$

27 $\begin{array}{r} 73 \\ -\ 25 \\ \hline \end{array}$

28 $\begin{array}{r} 65 \\ -\ 38 \\ \hline \end{array}$

29 $\begin{array}{r} 71 \\ -\ 54 \\ \hline \end{array}$

30 $\begin{array}{r} 86 \\ -\ 49 \\ \hline \end{array}$

31 $\begin{array}{r} 97 \\ -\ 29 \\ \hline \end{array}$

32 $\begin{array}{r} 83 \\ -\ 65 \\ \hline \end{array}$

33 $\begin{array}{r} 64 \\ -\ 37 \\ \hline \end{array}$

스스로 평가

3일 반복

받아내림이 있는 (두 자리 수) − (두 자리 수)

계산해 보세요.

1 $42-26$

2 $70-33$

3 $74-57$

4 $52-18$

5 $82-17$

6 $63-17$

7 $94-28$

8 $64-37$

9 $73-46$

10 $84-58$

11 $94-66$

12 $77-29$

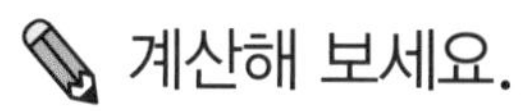
계산해 보세요.

13 $84-58$

20 $83-17$

27 $71-17$

14 $52-17$

21 $61-18$

28 $94-25$

15 $94-17$

22 $81-65$

29 $73-26$

16 $62-23$

23 $52-26$

30 $91-73$

17 $71-36$

24 $91-54$

31 $84-46$

18 $93-38$

25 $63-35$

32 $93-64$

19 $42-25$

26 $92-48$

33 $72-44$

스스로 평가

받아내림이 있는 (두 자리 수) − (두 자리 수)

 계산해 보세요.

1 $65-36$

5 $65-48$

9 $94-68$

2 $73-54$

6 $97-18$

10 $80-24$

3 $90-22$

7 $57-29$

11 $76-17$

4 $72-43$

8 $80-48$

12 $85-36$

계산해 보세요.

13 $44-18$

14 $72-38$

15 $93-65$

16 $84-56$

17 $91-49$

18 $82-36$

19 $71-44$

20 $94-17$

21 $81-46$

22 $61-15$

23 $53-26$

24 $96-28$

25 $71-53$

26 $85-29$

27 $31-17$

28 $95-77$

29 $75-28$

30 $92-57$

31 $63-28$

32 $83-67$

33 $52-19$

5일 응용

받아내림이 있는 (두 자리 수) − (두 자리 수)

□ 안에 알맞은 수를 써넣으세요.

1
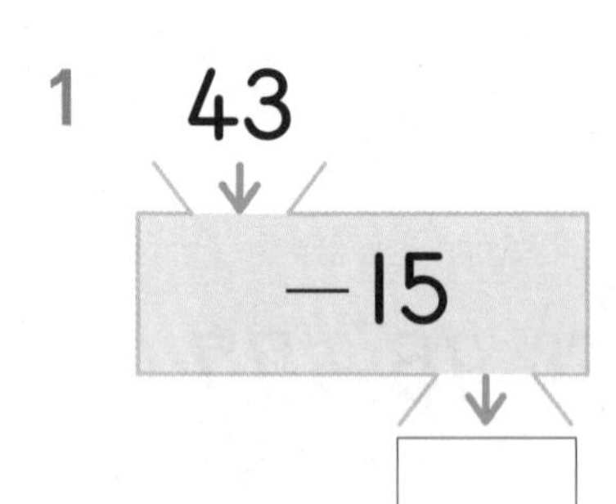

2
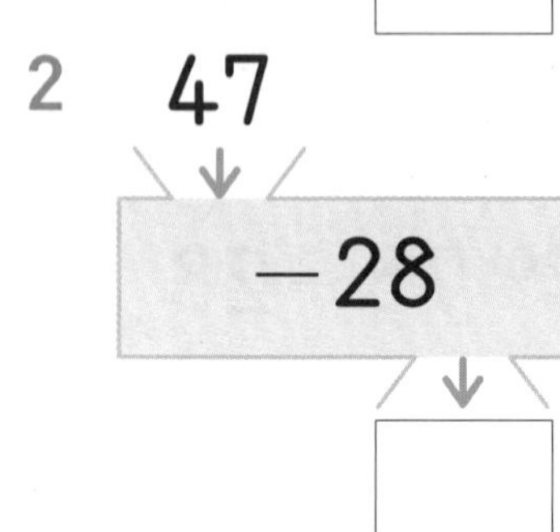

3
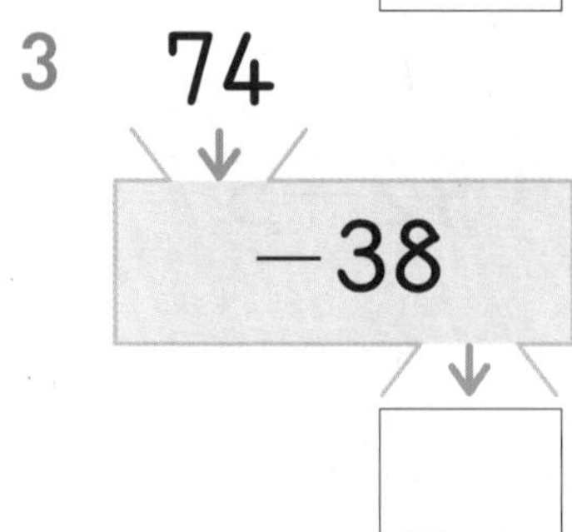

4
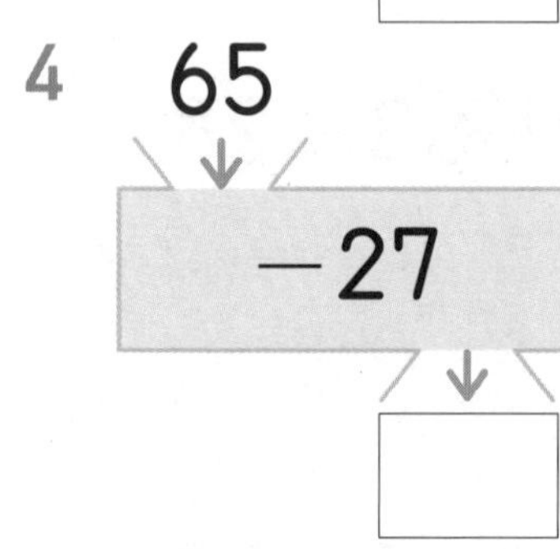

5
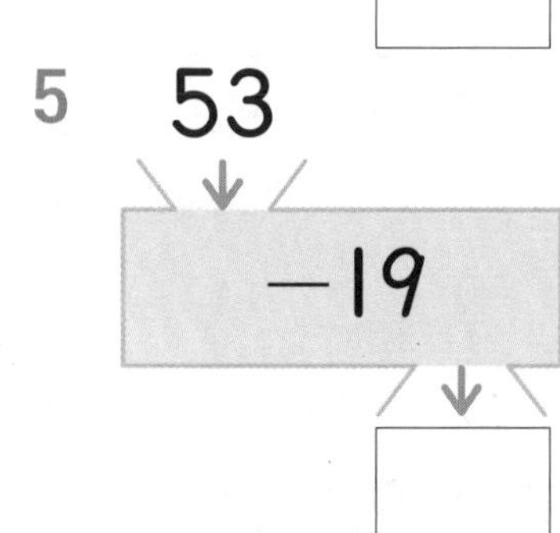

6
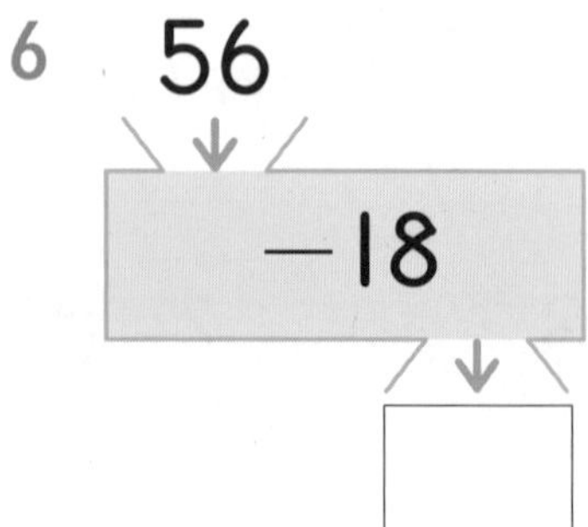

7
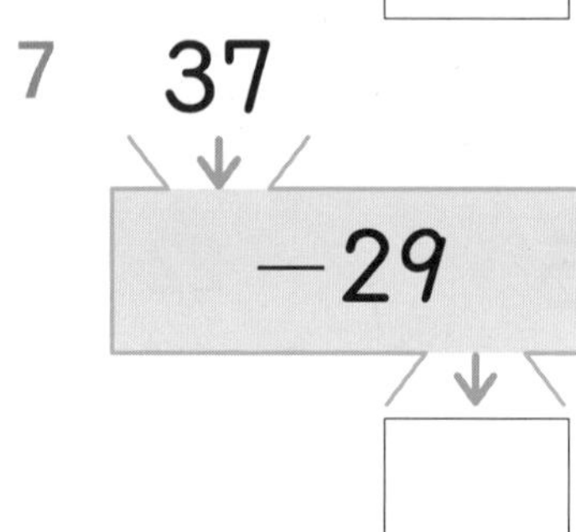

8
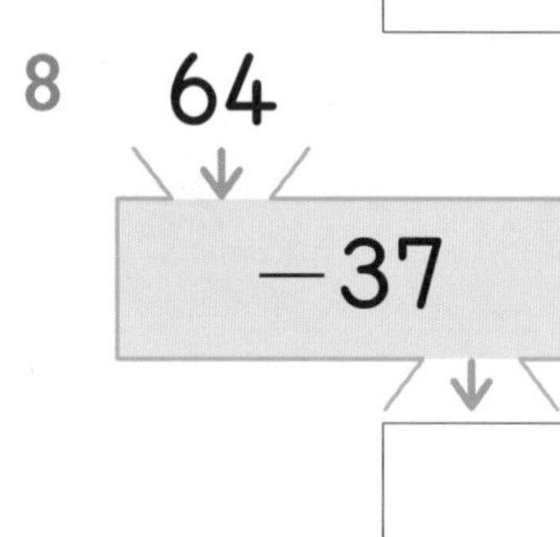

9
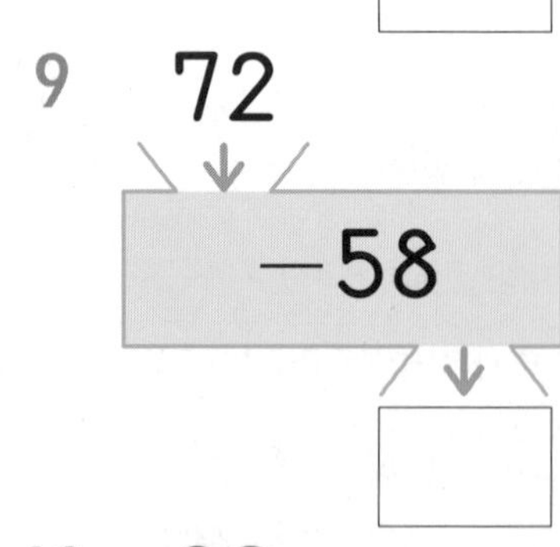

10 83

−37

□

빈 곳에 두 수의 차를 써넣으세요.

11

81	34

16

72	28

12

62	17

17

62	26

13

43	26

18

54	27

14

55	38

19

53	35

15

71	18

20

83	17

스스로 평가 

계산 결과를 찾아 알맞게 색칠해 보세요.

43－25	64－37	51－16	82－54	33－18

28

15

18

35

27

✎ 계산을 하고 계산 결과가 큰 것부터 차례로 써 보세요.

덧셈식과 뺄셈식의 관계

윤선이는 사과잼을 만들기 위해 사과를 어제 18개, 오늘 13개 샀어요. 윤선이가 어제와 오늘 산 사과의 수는 모두 몇 개인지 덧셈식으로 나타내고, 덧셈식을 뺄셈식으로 나타내어 보세요.

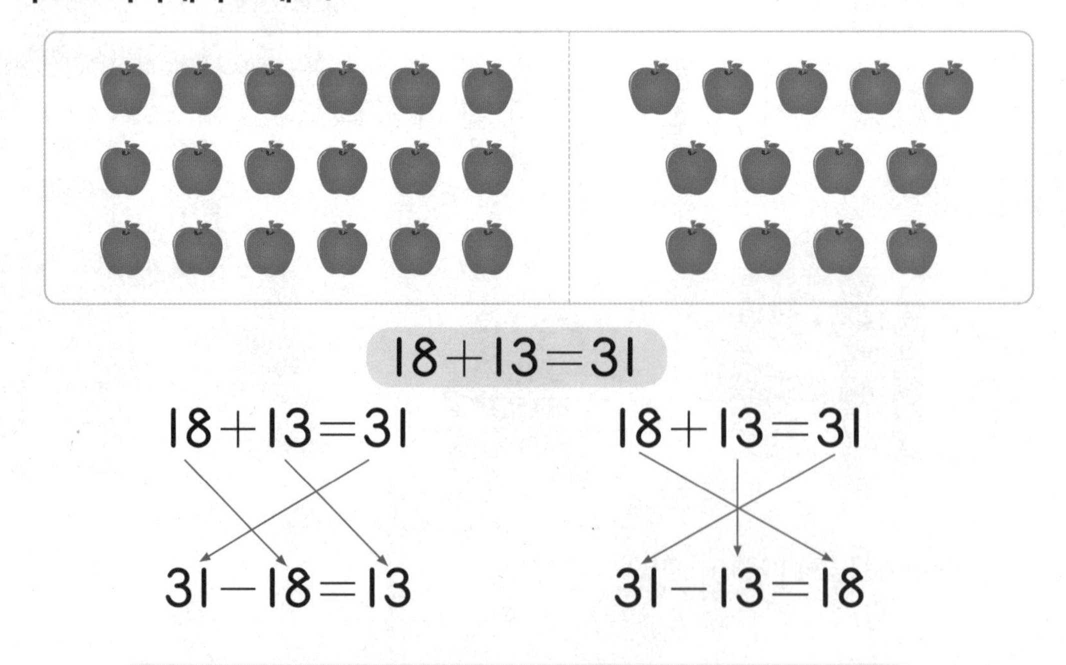

하나의 덧셈식으로 2개의 뺄셈식을 만들 수 있어요.

일차	1일 학습	2일 학습	3일 학습	4일 학습	5일 학습
공부할 날	월 일	월 일	월 일	월 일	월 일

뺄셈식을 덧셈식으로 나타내기

$16-9=7$

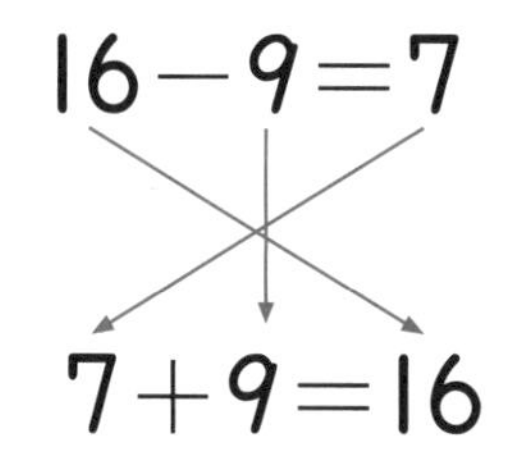

$16-9=7 \rightarrow 7+9=16$

$16-9=7 \rightarrow 9+7=16$

덧셈식을 뺄셈식으로, 뺄셈식을 덧셈식으로 나타내기

$37+25=62$ → $62-37=25$, $62-25=37$

$42-16=26$ → $26+16=42$, $16+26=42$

하나의 덧셈식은 2개의 뺄셈식을 만들 수 있고, 하나의 뺄셈식은 2개의 덧셈식을 만들 수 있어요.

개념 쏙쏙 노트

• 덧셈식을 뺄셈식으로 나타내기

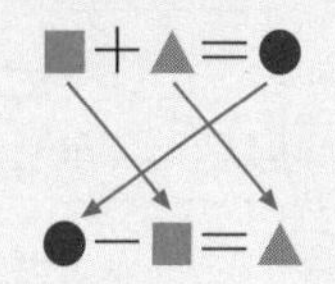

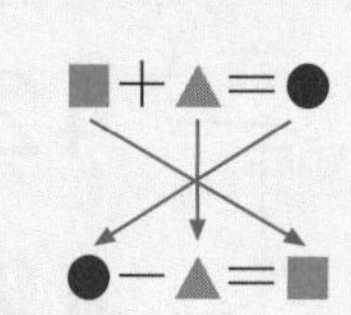

• 뺄셈식을 덧셈식으로 나타내기

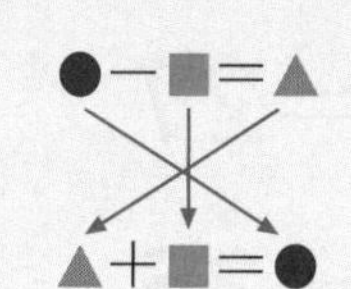

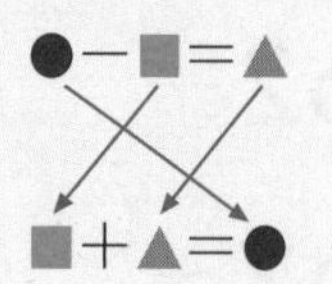

1일 연습

덧셈식과 뺄셈식의 관계

그림을 보고 덧셈식을 뺄셈식으로 나타내어 보세요.

1 18, 24 / 42

$18+\square=42$

$42-\square=24$

$42-\square=18$

2 26, 47 / 73

$26+\square=73$

$73-\square=47$

$73-\square=26$

3 35, 27 / 62

$\square+27=62$

$62-\square=27$

$62-\square=35$

4 16, 24 / 40

$16+24=\square$

$40-\square=24$

$40-\square=16$

5 18, 7 / 25

$\square+7=25$

$25-\square=7$

$25-\square=18$

6 14, 28 / 42

$14+\square=42$

$42-\square=28$

$42-\square=14$

그림을 보고 뺄셈식을 덧셈식으로 나타내어 보세요.

7

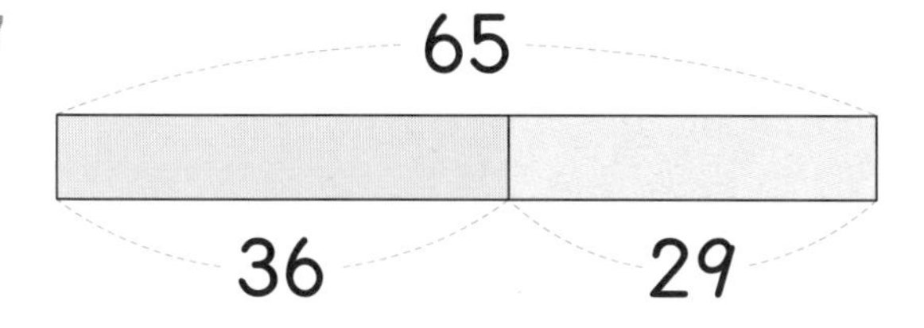

$65-36=\square$

$\square+36=\square$

$36+29=\square$

8

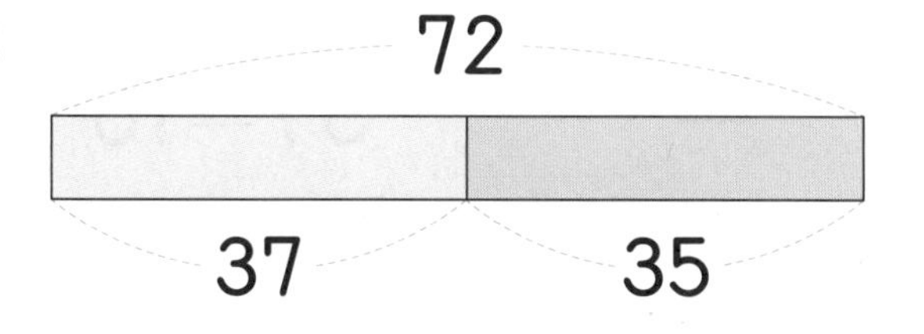

$72-\square=35$

$\square+37=72$

$\square+35=\square$

9

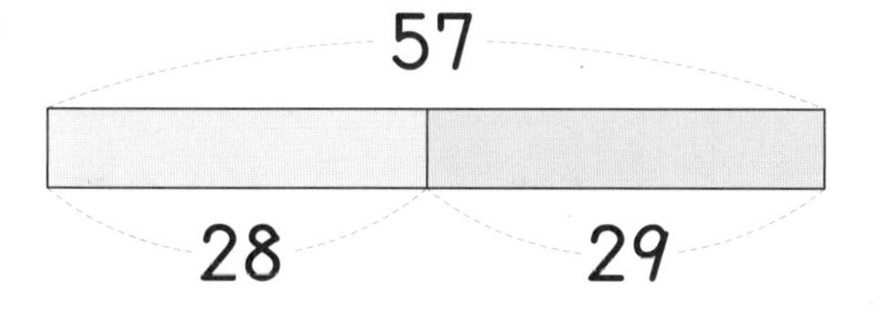

$57-28=\square$

$29+\square=\square$

$28+\square=\square$

10

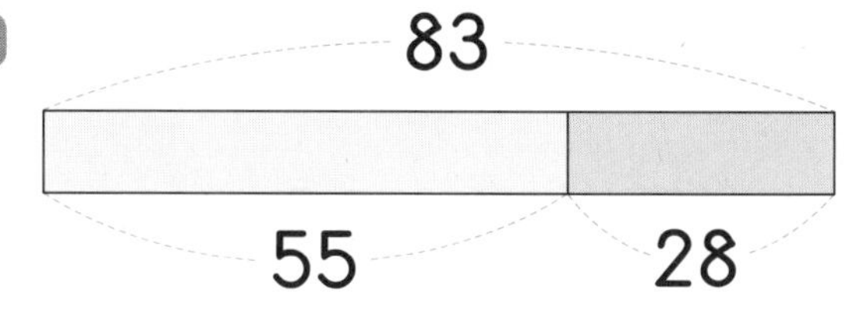

$83-55=\square$

$\square+55=\square$

$\square+28=\square$

11

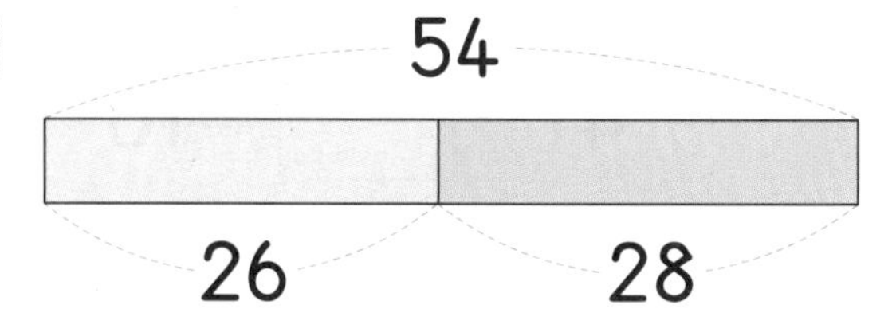

$54-\square=28$

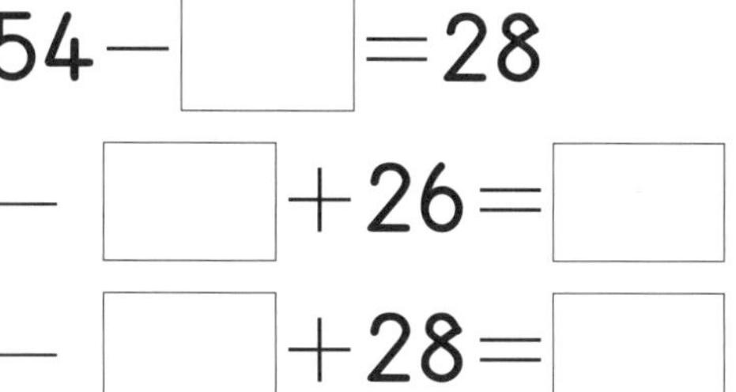

$\square+26=\square$

$\square+28=\square$

12

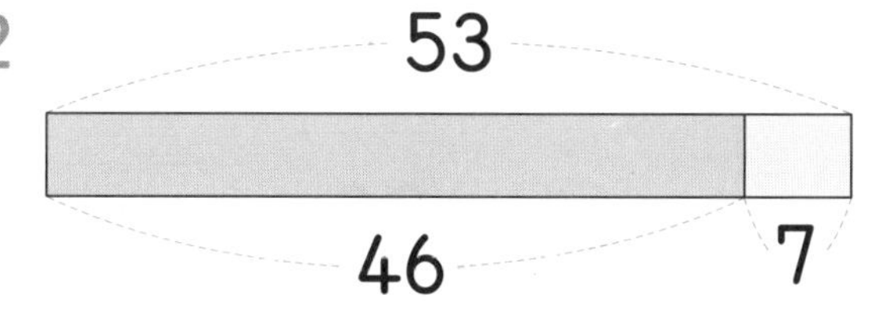

$53-\square=7$

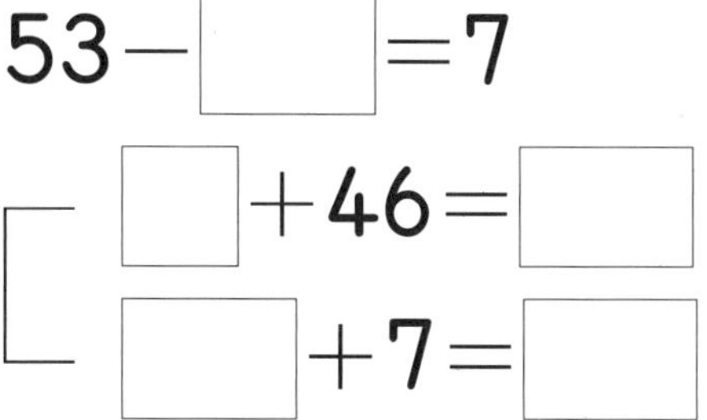

$\square+46=\square$

$\square+7=\square$

4 주

스스로 평가

2일 반복 덧셈식과 뺄셈식의 관계

덧셈식을 보고 뺄셈식으로 나타내어 보세요.

1 $17+15=32$

- $32-15=\square$
- $\square-17=15$

2 $16+25=41$

- $41-\square=25$
- $41-\square=16$

3 $38+27=65$

- $65-\square=27$
- $\square-27=38$

4 $26+38=64$

- $64-\square=38$
- $64-38=\square$

5 $9+25=34$

- $\square-9=25$
- $\square-25=9$

6 $34+8=42$

- $42-34=\square$
- $42-8=\square$

7 $16+37=53$

- $53-16=\square$
- $\square-37=16$

8 $29+17=46$

- $46-29=\square$
- $46-17=\square$

9 $27+15=42$

- $42-\square=15$
- $42-\square=27$

10 $29+14=43$

- $43-\square=14$
- $\square-14=29$

 뺄셈식을 보고 덧셈식으로 나타내어 보세요.

11 $26-18=8$
- $18+\square=26$
- $8+\square=26$

12 $84-27=57$
- $\square+57=84$
- $\square+27=84$

13 $53-26=27$
- $26+\square=53$
- $27+26=\square$

14 $75-38=37$
- $38+37=\square$
- $37+\square=75$

15 $92-24=68$
- $\square+68=92$
- $68+24=\square$

16 $63-26=37$
- $26+\square=63$
- $37+\square=63$

17 $32-7=25$
- $7+\square=32$
- $25+7=\square$

18 $51-35=16$
- $35+16=\square$
- $\square+35=51$

19 $44-28=16$
- $28+\square=44$
- $16+\square=44$

20 $62-37=25$
- $\square+37=62$
- $\square+25=62$

덧셈식과 뺄셈식의 관계

덧셈식을 보고 뺄셈식으로 나타내어 보세요.

1 $14+47=61$
- $61-14=\square$
- $\square-\square=\square$

2 $12+59=71$
- $\square-12=\square$
- $71-\square=\square$

3 $25+46=71$

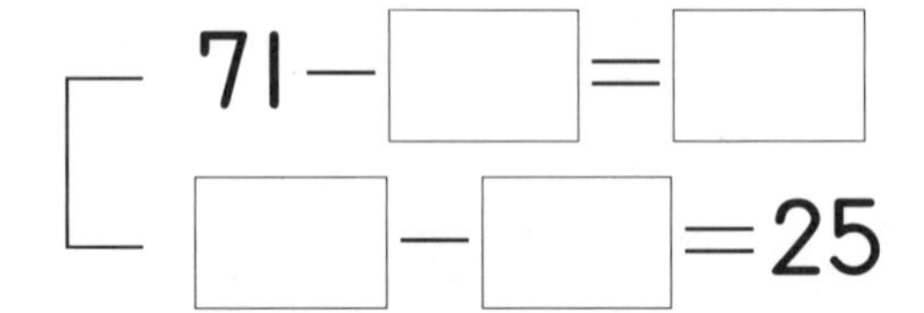

- $71-\square=\square$
- $\square-\square=25$

4 $47+26=73$
- $\square-\square=26$
- $73-\square=\square$

5 $24+58=82$

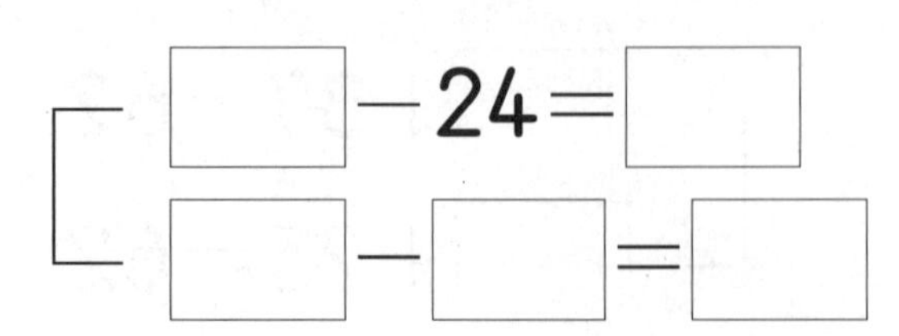

- $\square-24=\square$
- $\square-\square=\square$

6 $77+6=83$
- $83-\square=\square$
- $\square-6=\square$

7 $58+27=85$
- $\square-\square=27$
- $\square-\square=58$

8 $17+67=84$
- $\square-\square=67$
- $\square-\square=17$

9 $55+9=64$

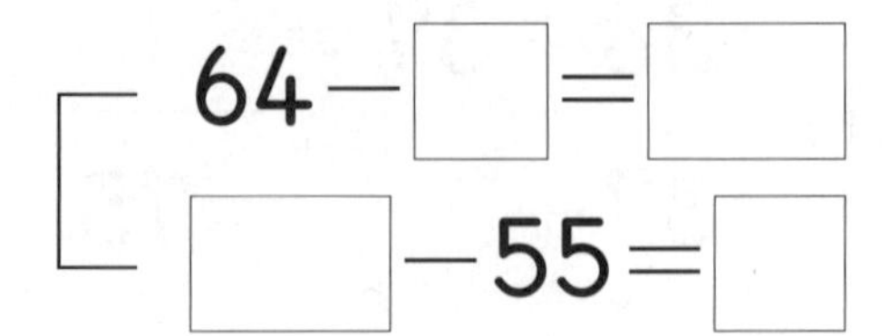

- $64-\square=\square$
- $\square-55=\square$

10 $48+18=66$

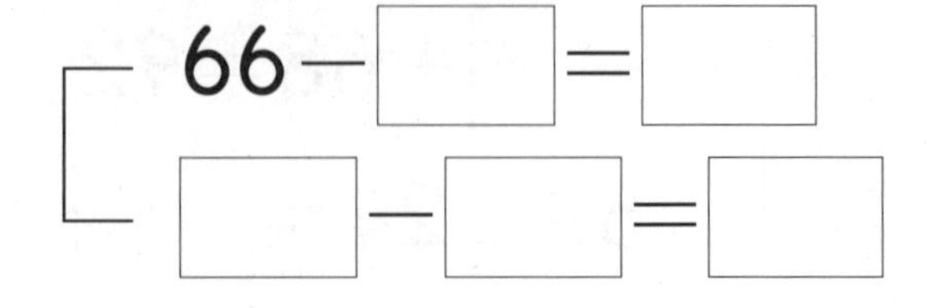

- $66-\square=\square$
- $\square-\square=\square$

 뺄셈식을 보고 덧셈식으로 나타내어 보세요.

11 $36-19=17$

$19+\square=\square$

$17+\square=\square$

12 $94-86=8$

$\square+8=\square$

$\square+86=\square$

13 $61-46=15$

$\square+46=\square$

$\square+15=\square$

14 $82-55=27$

$55+\square=\square$

$27+\square=\square$

15 $73-56=17$

$56+\square=\square$

$\square+\square=\square$

16 $52-16=36$

$\square+36=\square$

$\square+16=\square$

17 $71-48=23$

$48+\square=\square$

$23+\square=\square$

18 $81-63=18$

$63+\square=\square$

$\square+63=\square$

19 $93-45=48$

$\square+45=\square$

$45+\square=\square$

20 $94-38=56$

$\square+56=\square$

$\square+\square=\square$

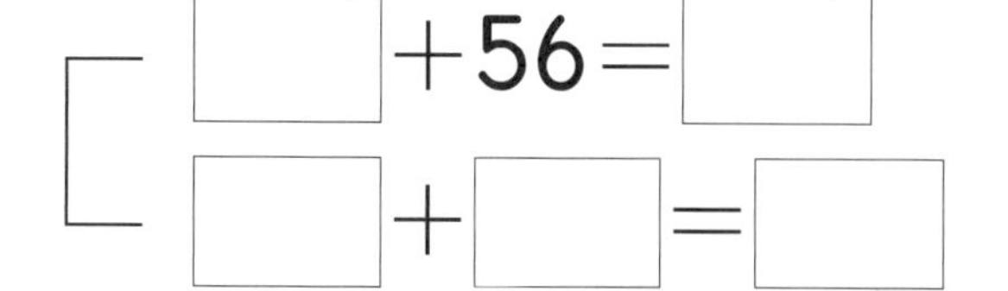

덧셈식과 뺄셈식의 관계

덧셈식을 보고 뺄셈식으로 나타내어 보세요.

1 $35+47=82$

2 $28+68=96$

3 $37+58=95$

4 $64+28=92$

5 $26+37=63$

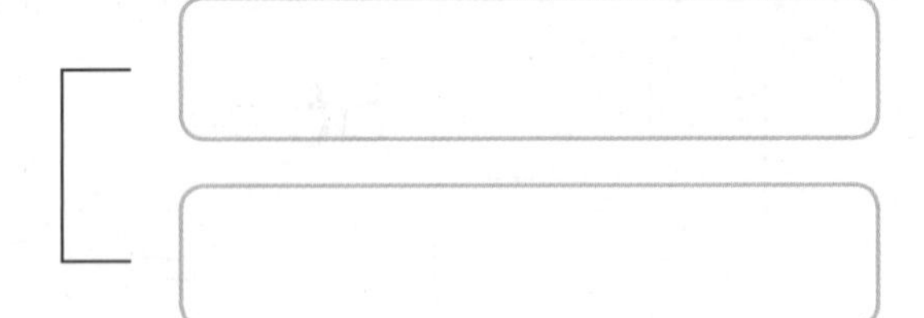

6 $8+84=92$

7 $46+35=81$

8 $37+27=64$

9 $56+36=92$

10 $78+19=97$

 뺄셈식을 보고 덧셈식으로 나타내어 보세요.

11 $45-17=28$

12 $81-17=64$

13 $91-84=7$

14 $73-28=45$

15 $81-45=36$

16 $64-17=47$

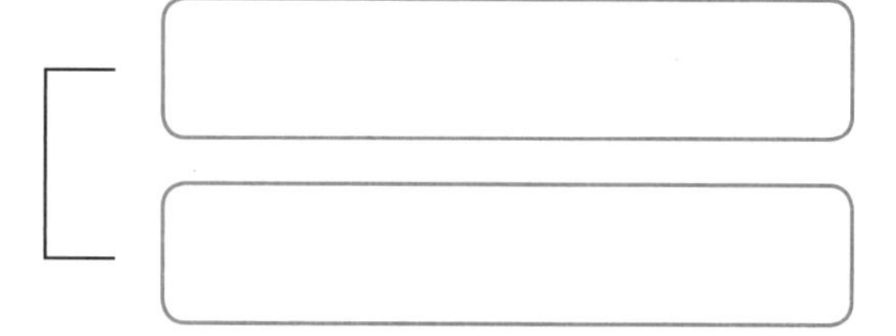

17 $92-17=75$

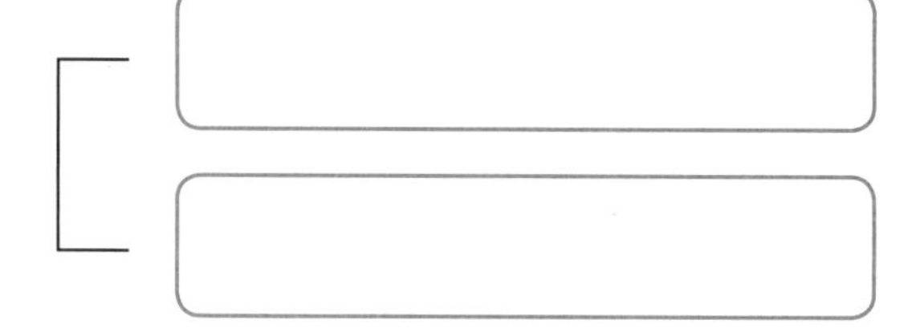

18 $83-37=46$

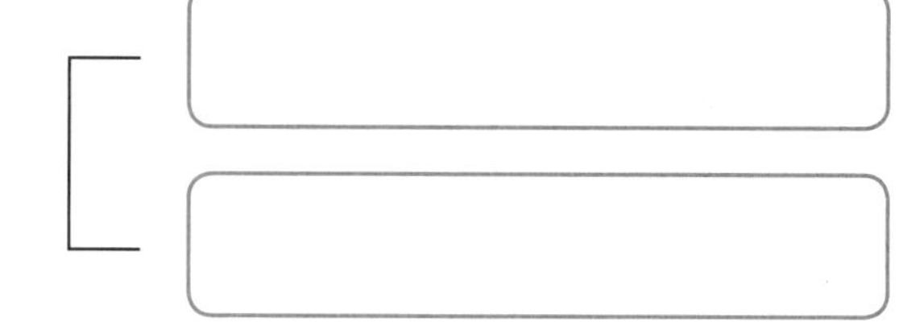

19 $92-54=38$

20 $72-8=64$

스스로 평가

덧셈식과 뺄셈식의 관계

세 수를 이용하여 덧셈식을 만들고, 뺄셈식으로 나타내어 보세요.

1 | 26 44 18 |

□ + 18 = 44
- □ − 18 = □
- 44 − □ = □

2 | 37 19 18 |

□ + 19 = 37
- □ − □ = 18
- 37 − □ = □

3 | 24 26 50 |

24 + □ = □
- □ − 24 = □
- 50 − □ = □

4 | 48 56 8 |

□ + 8 = □
- □ − 8 = □
- □ − 48 = □

5 | 42 25 17 |

25 + □ = □
- 42 − □ = 17
- 42 − □ = 25

6 | 46 18 28 |

□ + □ = 46
- □ − 18 = □
- 46 − □ = □

 세 수를 이용하여 뺄셈식을 만들고, 덧셈식으로 나타내어 보세요.

7

34 7 41

□−34=7

7+□=□

34+□=□

10

14 42 28

42−28=□

14+□=□

28+□=□

8

13 41 28

41−□=13

□+□=41

28+□=□

11

15 16 31

□−16=□

15+□=□

□+□=31

9

33 16 17

□−16=□

□+16=□

□+17=□

12

27 19 46

□−□=27

□+27=□

□+□=46

관계있는 식끼리 같은 색으로 칠해 보세요.

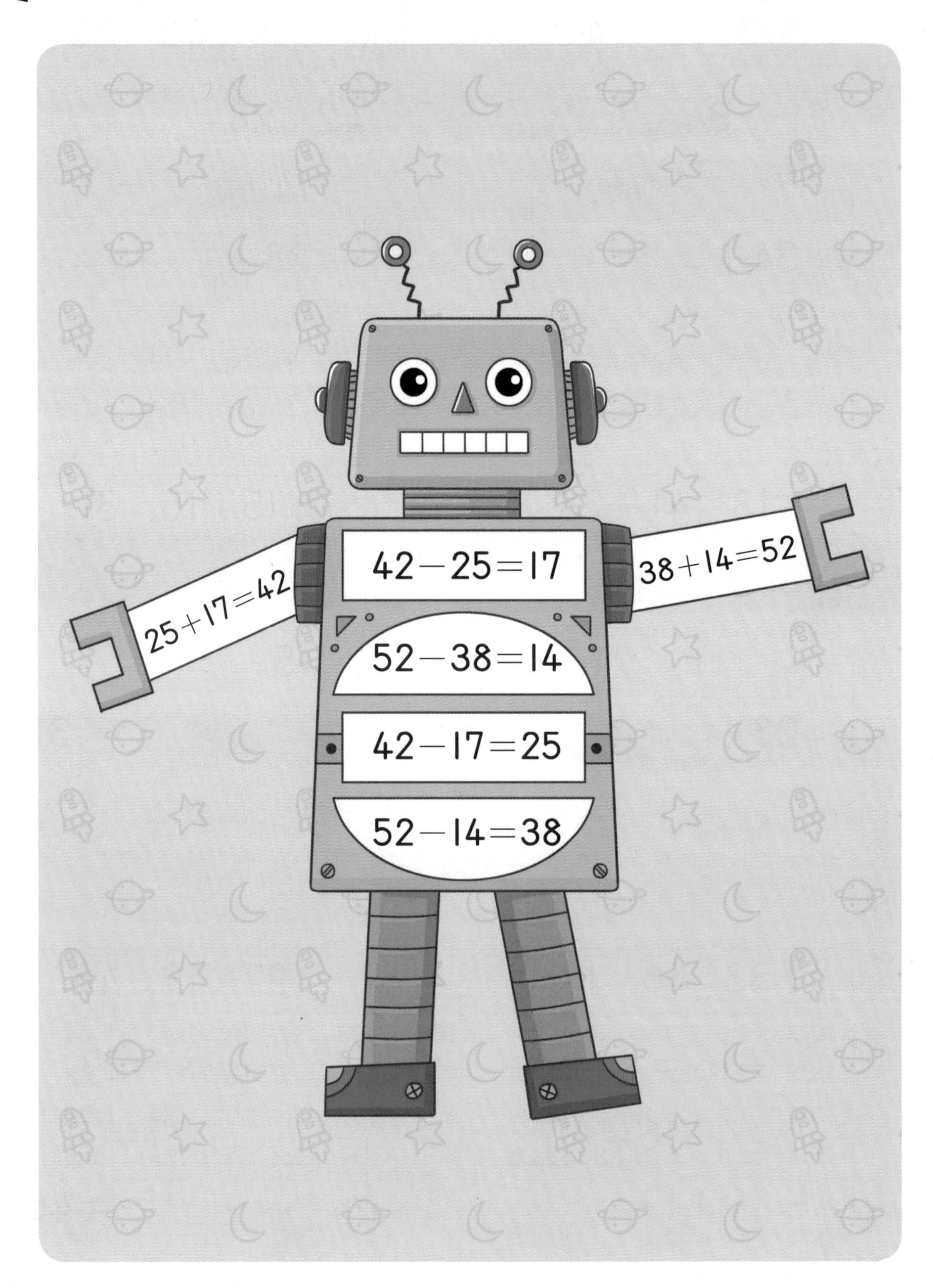

친구들이 가지고 있는 수 카드를 한 번씩만 사용하여 만든 식을 보고 덧셈식은 뺄셈식으로, 뺄셈식은 덧셈식으로 나타내어 보세요.

덧셈식과 뺄셈식에서 □의 값 구하기

옥수수를 형준이가 24개 따고 동생이 몇 개 땄더니 모두 32개가 되었어요. 동생이 딴 옥수수는 몇 개인가요?

- 동생이 딴 옥수수의 수를 □개라고 하여 덧셈식을 만들어요.

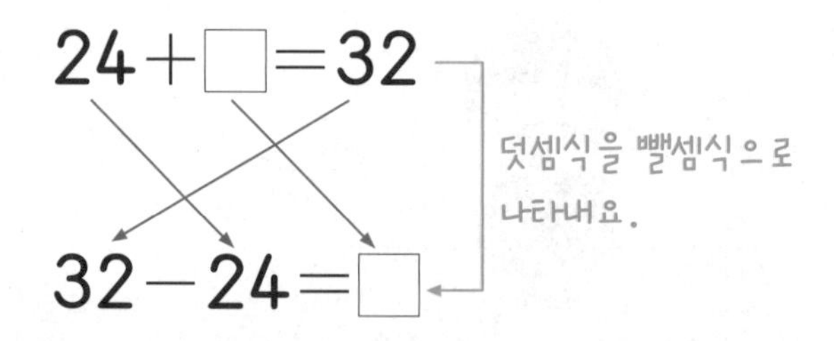

➡ 32 − 24 = 8이므로 □ = 8이에요.

24 + □ = 32에서 □ = 8이므로 동생이 딴 옥수수는 8개예요.

일차	1일 학습	2일 학습	3일 학습	4일 학습	5일 학습
공부할 날	월 일	월 일	월 일	월 일	월 일

형준이가 32개의 옥수수 중에서 할머니께 몇 개를 드렸더니 18개가 남았어요. 할머니께 드린 옥수수는 몇 개인가요?

- **할머니께 드린 옥수수의 수를 □개라고 하여 뺄셈식을 만들어요.**

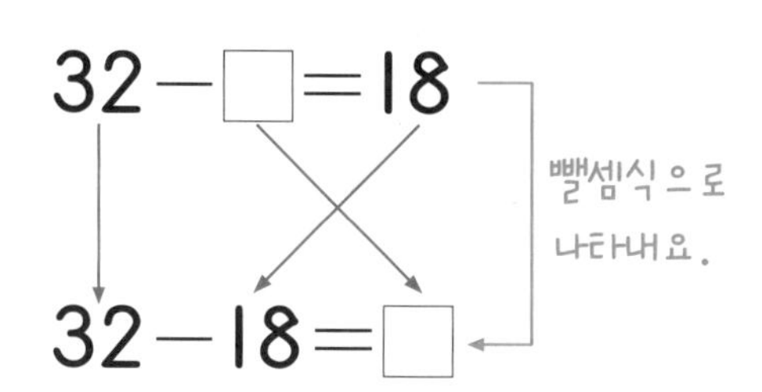

32－□＝18에서 □＝14이므로 할머니께 드린 옥수수는 14개예요.

➡ 32－18＝14이므로 □＝14예요.

덧셈식과 뺄셈식에서 □의 값 구하기

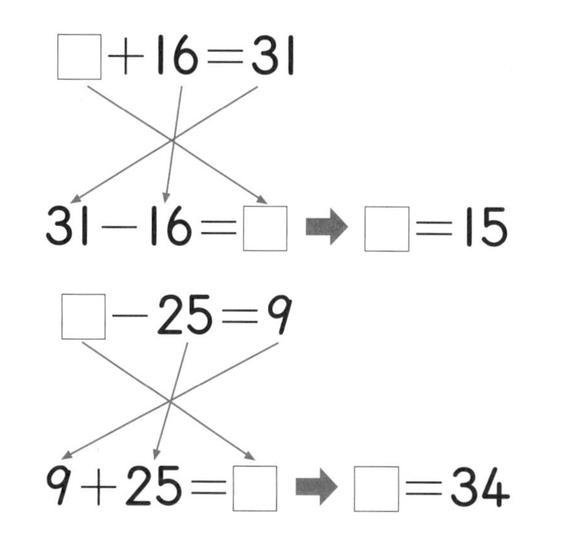

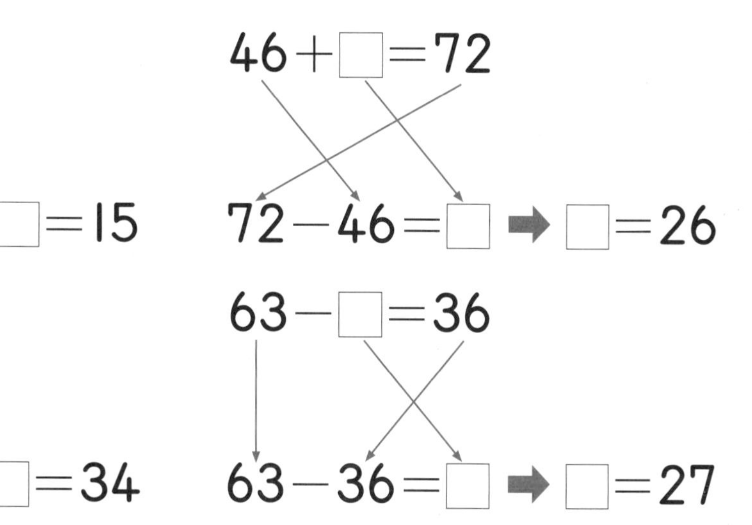

개념 쏙쏙 노트

- 덧셈식과 뺄셈식에서 □의 값 구하기
  ① 덧셈식과 뺄셈식의 관계를 이용하여 '＝'의 오른쪽에 □가 오도록 식을 나타냅니다.
  ② 계산하여 □의 값을 구합니다.

1일 연습

덧셈식과 뺄셈식에서 □의 값 구하기

덧셈식과 뺄셈식의 관계를 이용하여 □ 안에 알맞은 수를 써넣으세요.

1 $\square + 14 = 32$
➡ $\square - 14 = \square$

2 $\square + 27 = 71$
➡ $\square - 27 = \square$

3 $\square + 46 = 81$
➡ $\square - 46 = \square$

4 $\square + 7 = 91$
➡ $\square - 7 = \square$

5 $\square + 38 = 65$
➡ $\square - 38 = \square$

6 $\square + 17 = 52$
➡ $\square - 17 = \square$

7 $66 + \square = 82$
➡ $\square - 66 = \square$

8 $48 + \square = 71$
➡ $\square - 48 = \square$

9 $25 + \square = 54$
➡ $\square - 25 = \square$

10 $38 + \square = 95$
➡ $\square - 38 = \square$

11 $6 + \square = 63$
➡ $\square - 6 = \square$

12 $67 + \square = 83$
➡ $\square - 67 = \square$

공부한 날	월 일

맞힌 개수	개
걸린 시간	분

✎ □ 안에 알맞은 수를 써넣으세요.

13 $\square+25=61$

21 $74+\square=91$

14 $\square+46=92$

22 $43+\square=51$

15 $\square+18=44$

23 $15+\square=73$

16 $\square+36=63$

24 $28+\square=96$

17 $\square+24=72$

25 $52+\square=61$

18 $\square+18=83$

26 $27+\square=46$

19 $\square+55=93$

27 $37+\square=85$

20 $\square+37=73$

28 $55+\square=72$

스스로 평가

2일 반복

덧셈식과 뺄셈식에서 □의 값 구하기

□ 안에 알맞은 수를 써넣으세요.

1 □ $+26=82$

2 $36+$ □ $=55$

3 □ $+46=93$

4 □ $+9=46$

5 $7+$ □ $=52$

6 $18+$ □ $=54$

7 □ $+28=75$

8 $57+$ □ $=83$

9 □ $+67=92$

10 □ $+19=88$

11 $29+$ □ $=58$

12 $29+$ □ $=43$

13 □ $+39=84$

14 □ $+73=91$

15 $38+$ □ $=62$

16 □ $+54=72$

□ 안에 알맞은 수를 써넣으세요.

17 $56+\square=91$

18 $45+\square=73$

19 $\square+17=35$

20 $28+\square=57$

21 $\square+79=87$

22 $28+\square=93$

23 $15+\square=63$

24 $\square+19=75$

25 $37+\square=94$

26 $38+\square=67$

27 $43+\square=52$

28 $\square+36=74$

29 $19+\square=92$

30 $\square+64=81$

31 $\square+16=85$

32 $45+\square=62$

스스로 평가

3일 반복
덧셈식과 뺄셈식에서 □의 값 구하기

덧셈식과 뺄셈식의 관계를 이용하여 □ 안에 알맞은 수를 써넣으세요.

1 $\square - 11 = 29$
➡ $29 + \square = \square$

2 $\square - 47 = 48$
➡ $48 + \square = \square$

3 $\square - 26 = 55$
➡ $55 + \square = \square$

4 $\square - 14 = 58$
➡ $58 + \square = \square$

5 $\square - 14 = 47$
➡ $47 + \square = \square$

6 $\square - 16 = 16$
➡ $16 + \square = \square$

7 $71 - \square = 33$
➡ $\square - 33 = \square$

8 $91 - \square = 64$
➡ $\square - 64 = \square$

9 $84 - \square = 78$
➡ $\square - 78 = \square$

10 $94 - \square = 27$
➡ $\square - 27 = \square$

11 $52 - \square = 14$
➡ $\square - 14 = \square$

12 $92 - \square = 35$
➡ $\square - 35 = \square$

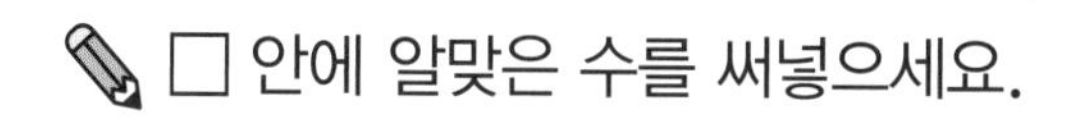

□ 안에 알맞은 수를 써넣으세요.

13 $\square - 15 = 17$

14 $\square - 26 = 36$

15 $\square - 27 = 14$

16 $\square - 24 = 7$

17 $\square - 34 = 16$

18 $\square - 7 = 28$

19 $\square - 38 = 4$

20 $\square - 16 = 27$

21 $52 - \square = 25$

22 $97 - \square = 19$

23 $64 - \square = 56$

24 $52 - \square = 39$

25 $75 - \square = 47$

26 $81 - \square = 36$

27 $81 - \square = 19$

28 $93 - \square = 37$

스스로 평가

덧셈식과 뺄셈식에서 □의 값 구하기

□ 안에 알맞은 수를 써넣으세요.

1 $\square - 36 = 19$

2 $\square - 33 = 38$

3 $83 - \square = 66$

4 $74 - \square = 27$

5 $\square - 49 = 12$

6 $82 - \square = 23$

7 $\square - 35 = 58$

8 $93 - \square = 79$

9 $\square - 36 = 28$

10 $43 - \square = 14$

11 $\square - 57 = 19$

12 $\square - 35 = 58$

13 $94 - \square = 29$

14 $32 - \square = 14$

15 $\square - 28 = 25$

16 $86 - \square = 38$

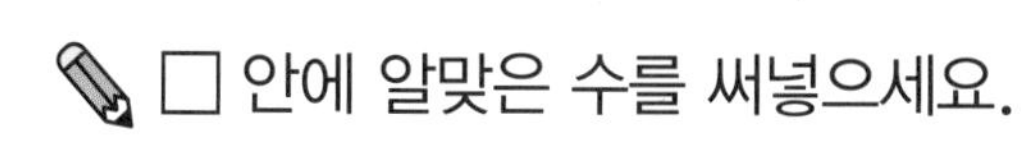

□ 안에 알맞은 수를 써넣으세요.

17 $83-\square=47$

18 $63-\square=7$

19 $\square-77=16$

20 $\square-28=53$

21 $22-\square=15$

22 $\square-18=27$

23 $\square-86=8$

24 $96-\square=38$

25 $\square-15=47$

26 $\square-26=64$

27 $53-\square=38$

28 $\square-24=37$

29 $80-\square=18$

30 $51-\square=28$

31 $\square-16=56$

32 $71-\square=44$

스스로 평가

5일 응용 덧셈식과 뺄셈식에서 □의 값 구하기

□ 안에 알맞은 수를 써넣으세요.

1 □ → +16 → 50

2 □ → +45 → 92

3 □ → +9 → 46

4 □ → +26 → 53

5 □ → +38 → 83

6 26 → +□ → 63

7 48 → +□ → 75

8 26 → +□ → 84

9 58 → +□ → 76

10 59 → +□ → 95

공부한 날 월 일 | 맞힌 개수 개 | 걸린 시간 분

 빈 곳에 알맞은 수를 써넣으세요.

11
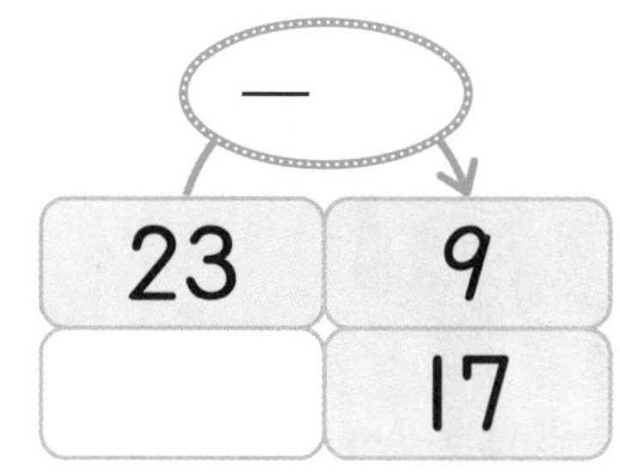

12
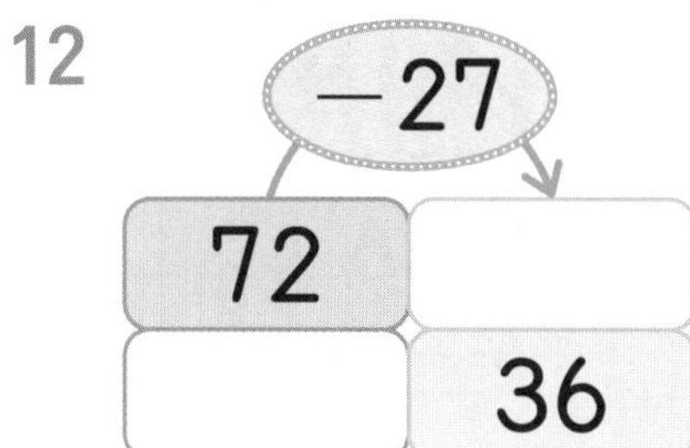

13
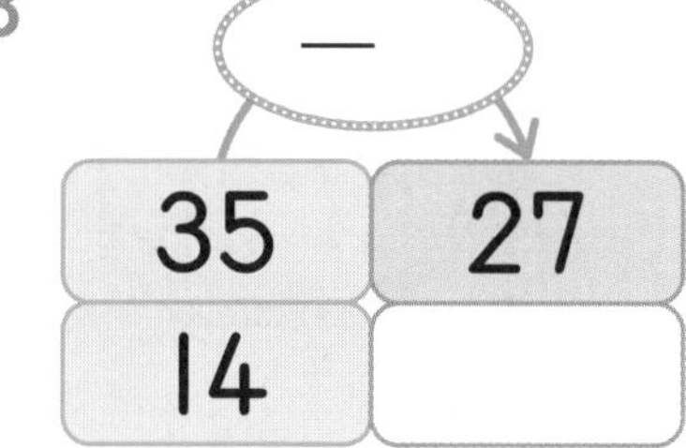

14
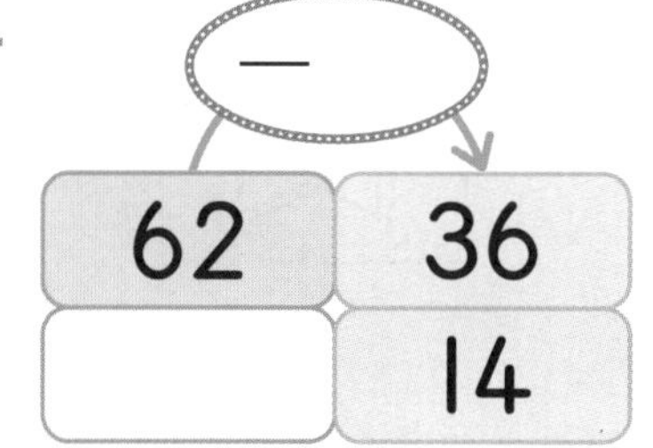

15
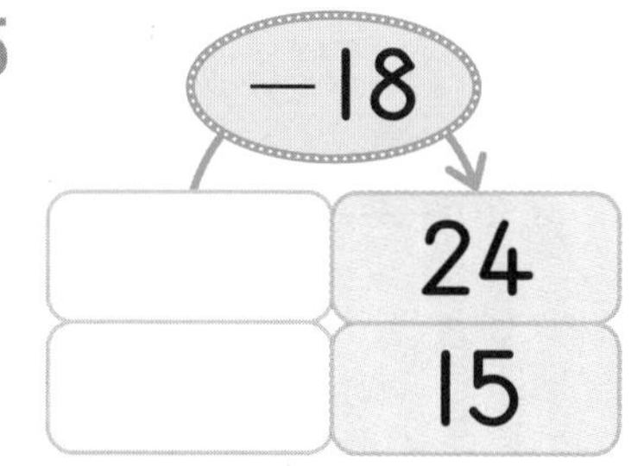

16
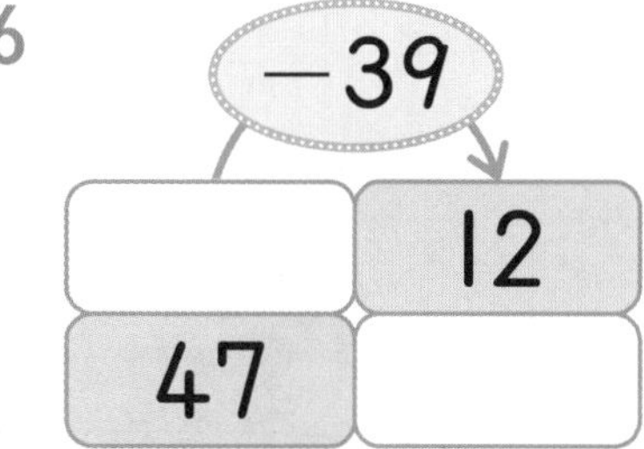

17
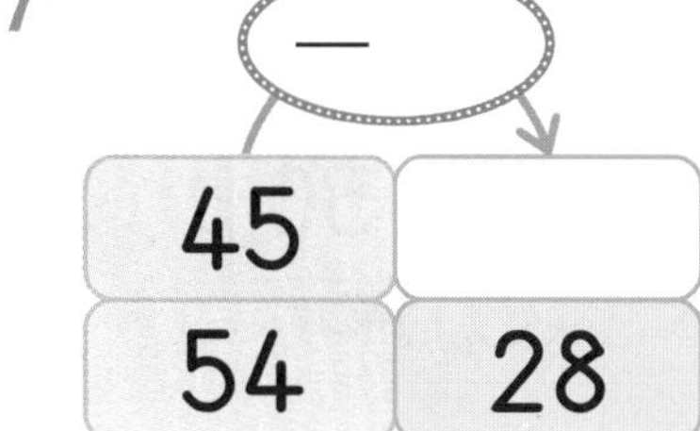

18
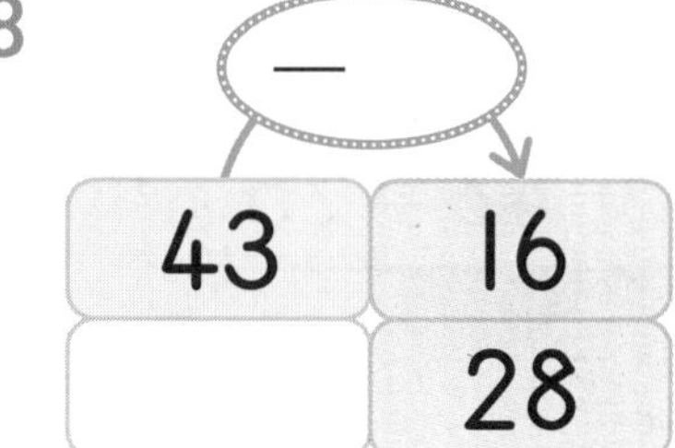

19
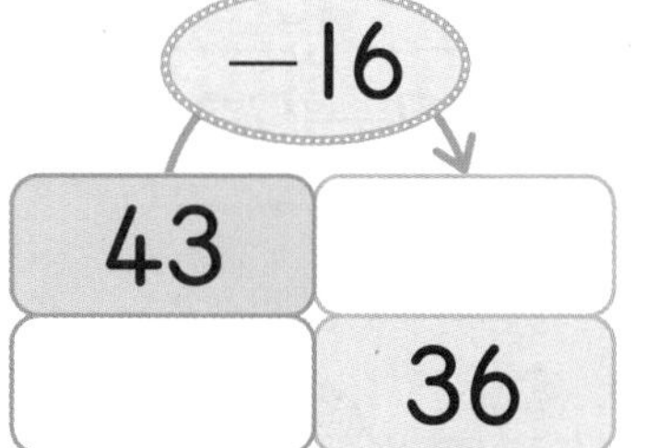

20
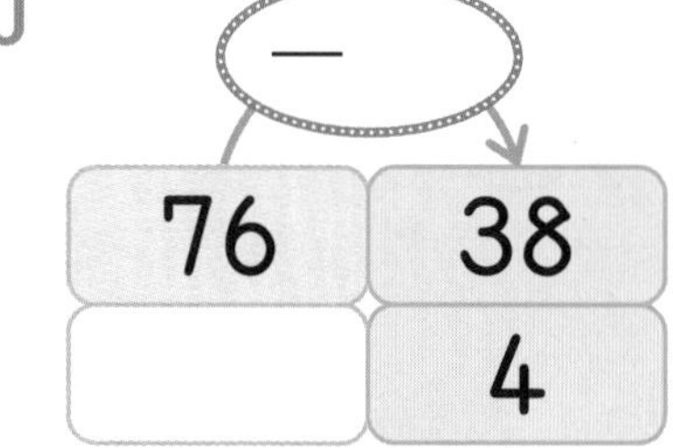

스스로 평가

5주 생각 수학

✎ □ 안에 알맞은 수를 찾아 선으로 이어 보세요.

두 동물의 무게의 합을 보고 빈 곳에 알맞은 동물 붙임 딱지를 붙여 보세요. 붙임딱지

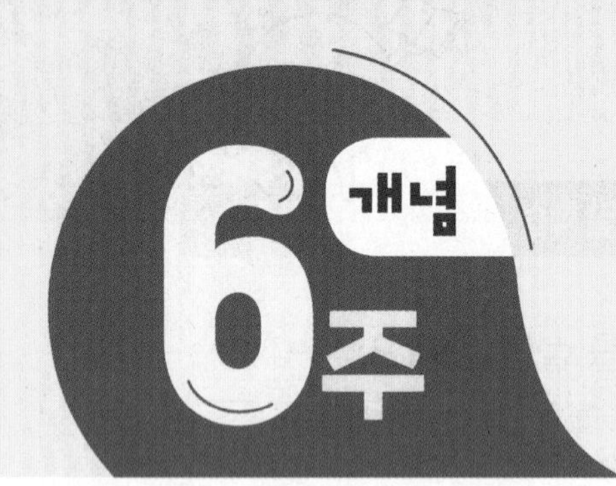

세 수의 덧셈과 뺄셈

윗몸 일으키기를 지우는 26회, 민주는 35회, 현선이는 29회 했어요. 세 친구가 한 윗몸 일으키기는 모두 몇 회인가요?

• 지우, 민주, 현선이가 한 윗몸 일으키기 횟수를 모두 더해요.

$$26+35+29=90$$

$26+35=61$ → 61

90 ← $61+29=90$

① $26+35$를 먼저 계산하면 61이에요.

② ①의 계산 결과 61에 나머지 29를 더하면 90이 돼요.

$26+35+29=90$이므로 세 친구가 한 윗몸 일으키기는 모두 90회예요.

학습계획

일차	1일 학습	2일 학습	3일 학습	4일 학습	5일 학습
공부할 날	월 일	월 일	월 일	월 일	월 일

세 수의 덧셈 $19+8+25=52$

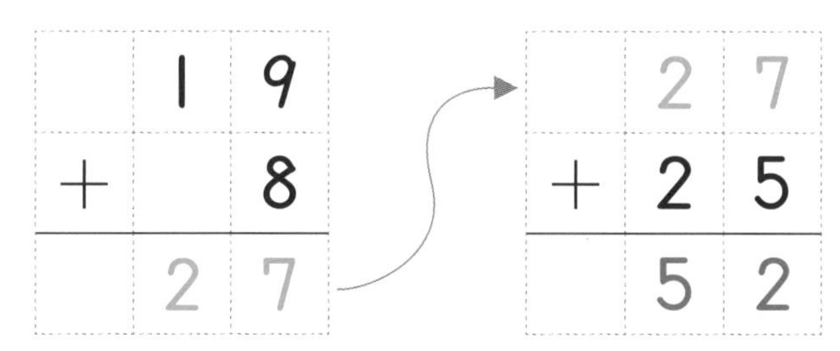

➡ $19+8$을 먼저 계산하고 계산한 값에 25를 더해요.

참고

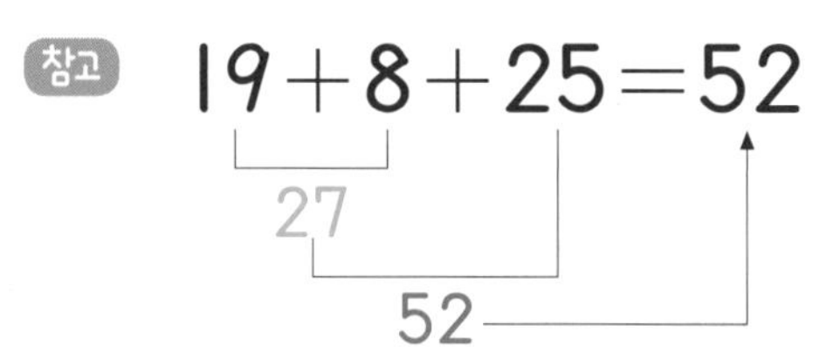

$19+8+25=52$ ($8+25=33$, $19+33=52$)

➡ 세 수의 덧셈은 뒤에서부터 계산해도 계산 결과가 같아요.

세 수의 뺄셈 $53-26-7=20$

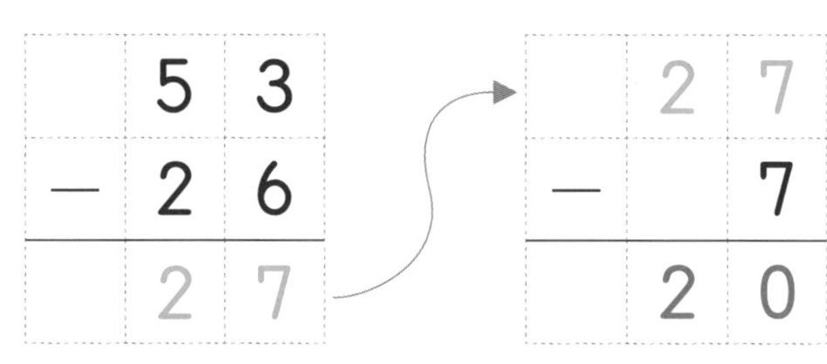

$53-26-7=20$ ($53-26=27$, $27-7=20$)

➡ $53-26$을 먼저 계산하고 계산한 값에서 7을 빼요.

주의 $53-26-7=34(\times)$ ($26-7=19$, $53-19=34$)

세 수의 뺄셈은
순서를 바꾸어 계산하면
계산 결과가 달라져요.

개념 쏙쏙 노트

- 세 수의 덧셈은 두 수를 먼저 더한 다음, 남은 한 수를 더합니다.
- 세 수의 뺄셈은 앞에서부터 두 수씩 차례로 계산합니다.

세 수의 덧셈과 뺄셈

계산해 보세요.

1 $11+24+32$

	1	1
+	2	4

→

+	3	2

2 $15+39+49$

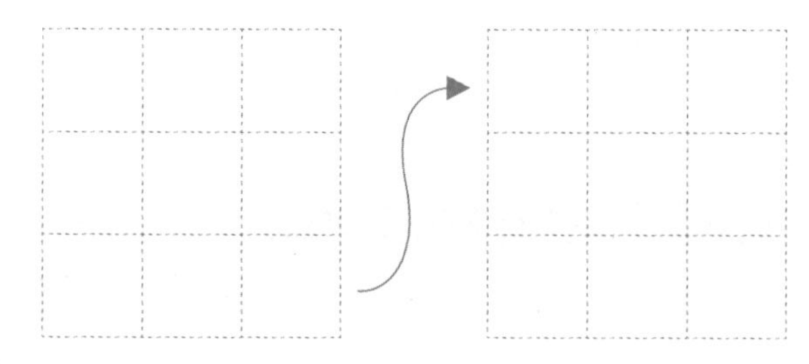

3 $23+42+12$

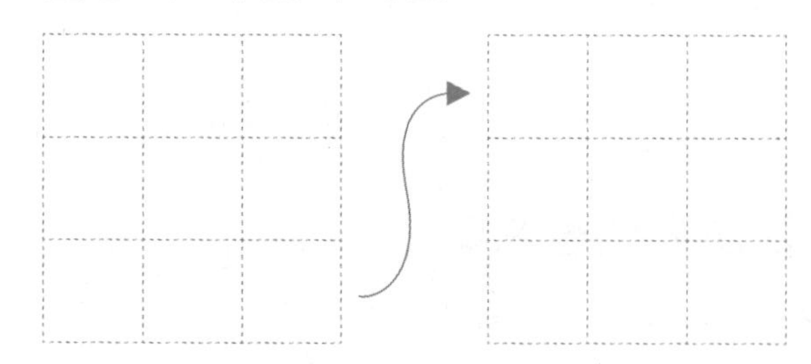

4 $25+23+48$

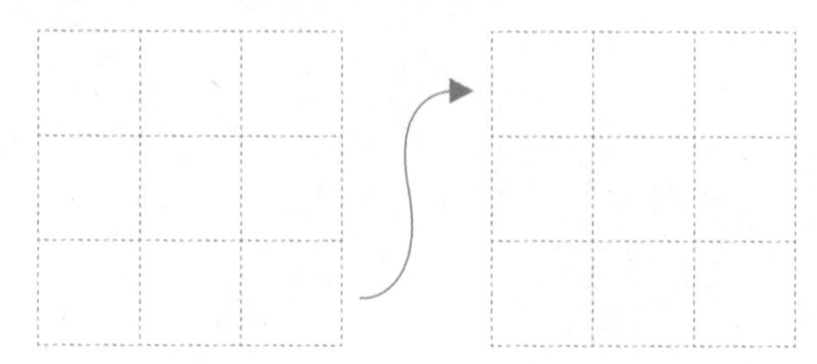

5 $44+23+58$

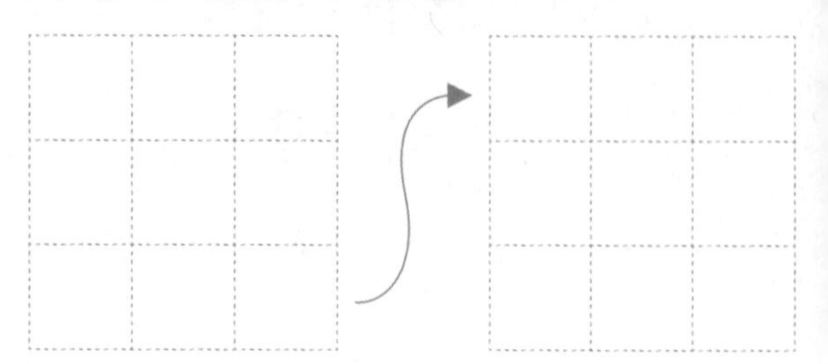

6 $48+33+75$

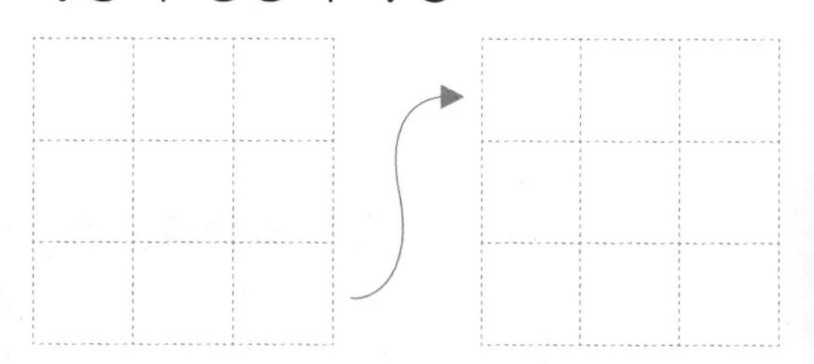

7 $52+31+15$

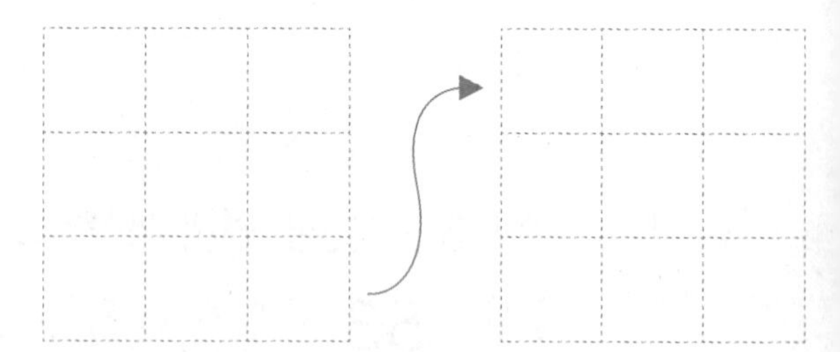

8 $62+29+53$

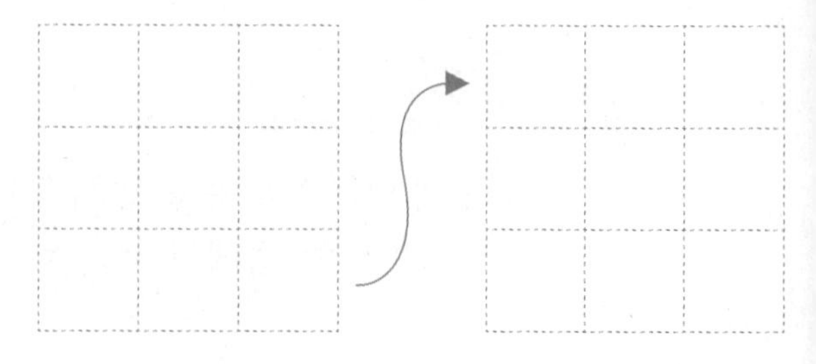

계산해 보세요.

9 $22+53+39$

10 $11+34+24$

11 $69+18+43$

12 $57+49+35$

13 $15+95+41$

14 $32+55+17$

15 $35+28+22$

16 $74+27+50$

17 $40+20+63$

18 $16+41+29$

19 $18+25+89$

20 $43+24+78$

21 $29+49+35$

22 $35+27+36$

23 $14+59+62$

24 $55+28+48$

스스로 평가

세 수의 덧셈과 뺄셈

계산해 보세요.

1 $29+38+17$

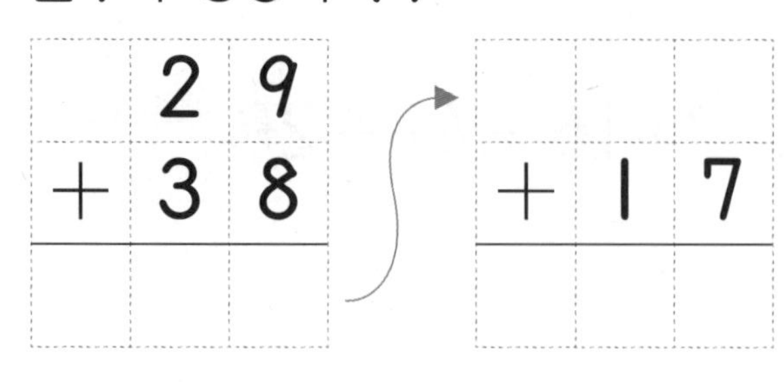

5 $57+39+65$

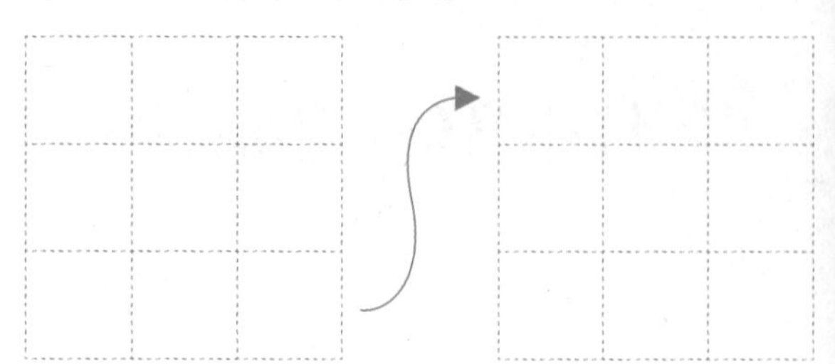

2 $42+35+33$

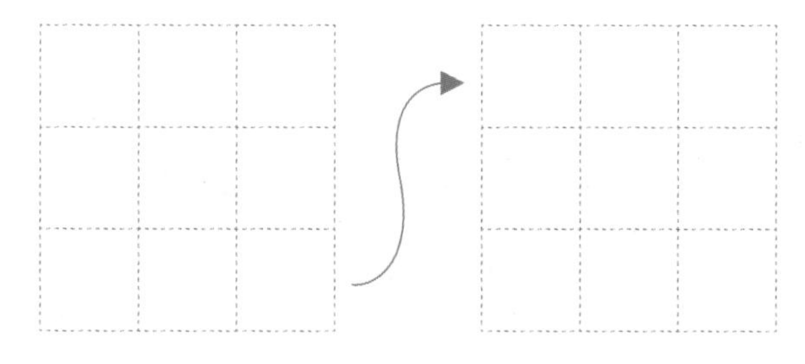

6 $58+39+26$

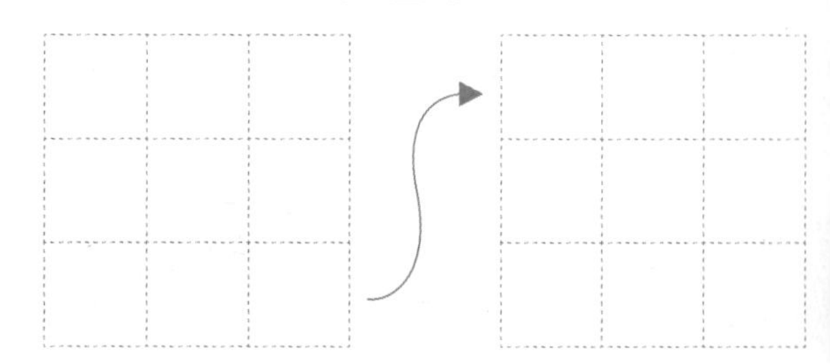

3 $46+35+14$

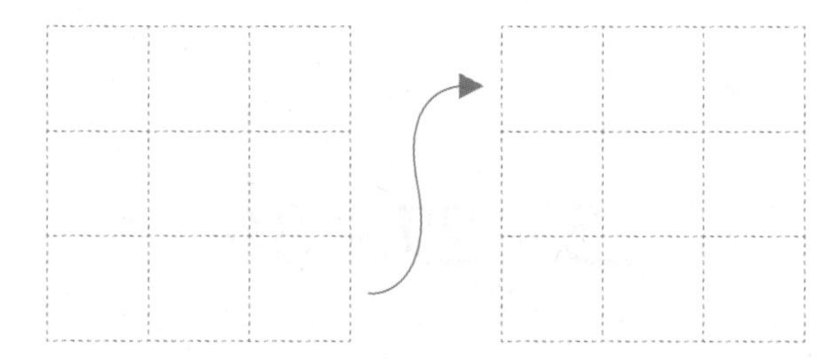

7 $67+29+45$

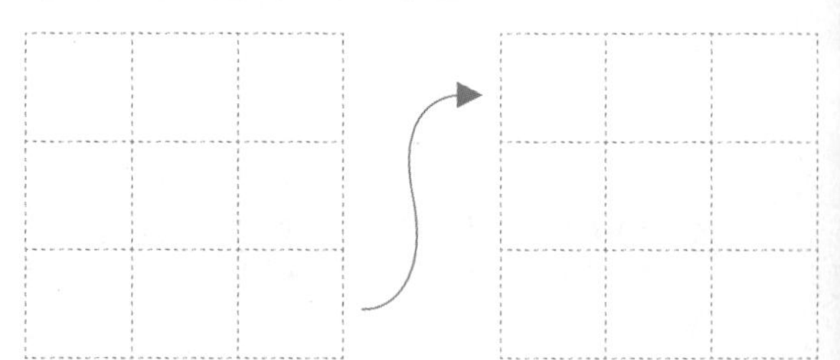

4 $49+48+59$

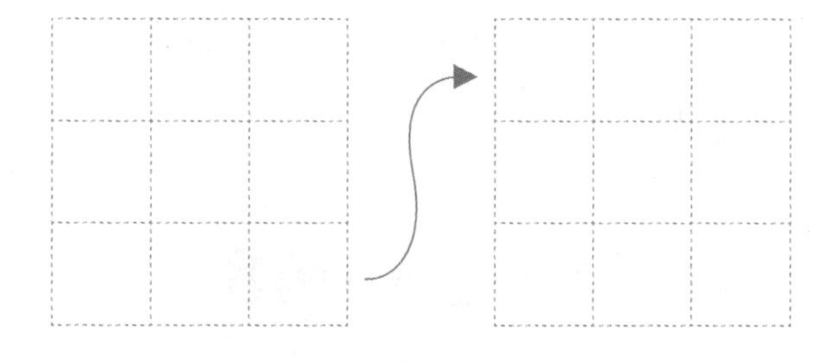

8 $77+15+43$

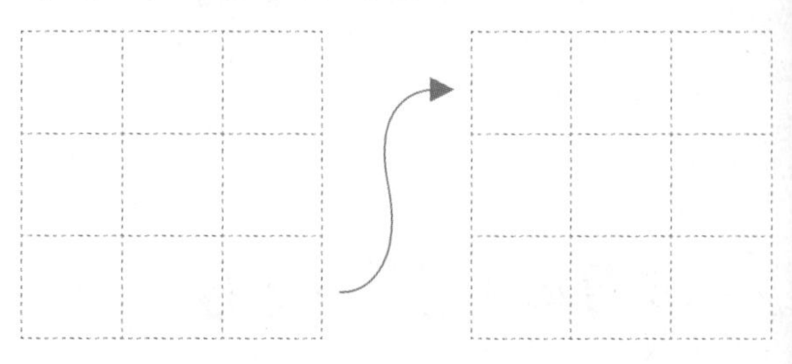

계산해 보세요.

9 $54+29+18$

10 $62+54+39$

11 $83+28+45$

12 $77+49+16$

13 $35+50+27$

14 $56+22+39$

15 $72+39+43$

16 $67+32+46$

17 $46+28+33$

18 $16+41+19$

19 $89+25+48$

20 $43+47+78$

21 $56+45+22$

22 $43+29+35$

23 $63+92+41$

24 $82+71+59$

스스로 평가

세 수의 덧셈과 뺄셈

계산해 보세요.

1 $93-19-58$

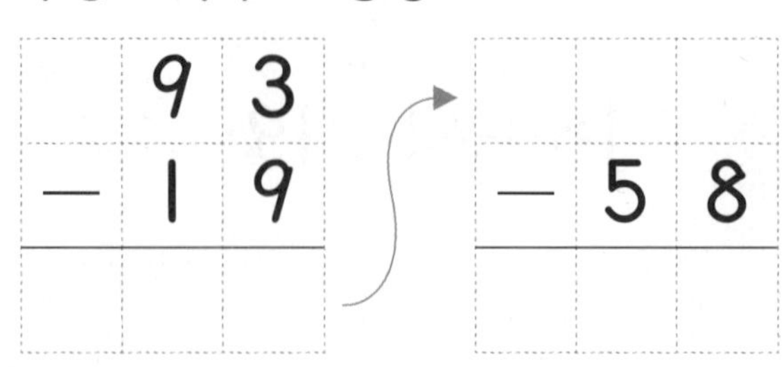

2 $52-25-15$

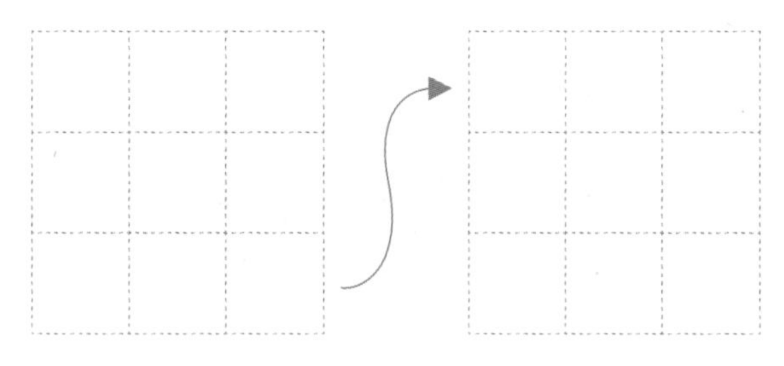

3 $82-48-29$

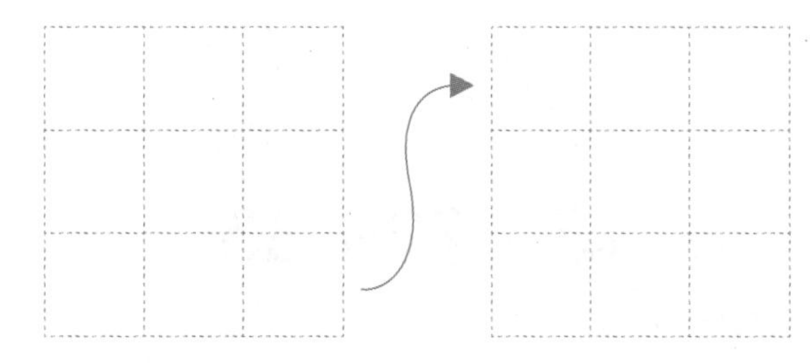

4 $96-24-45$

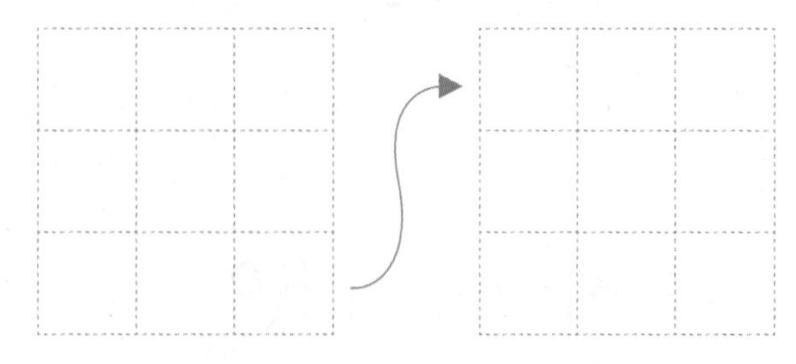

5 $63-31-16$

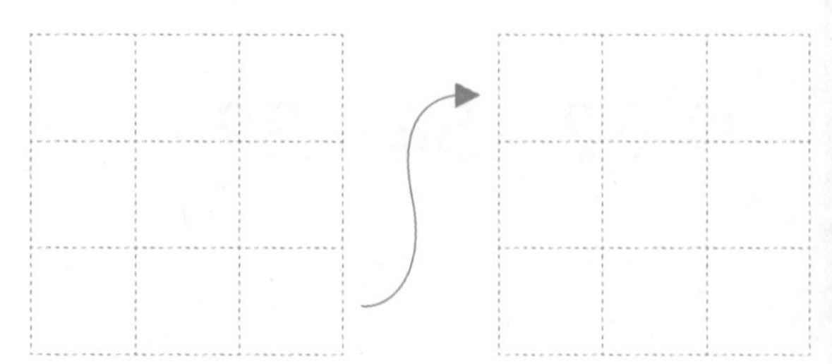

6 $84-39-28$

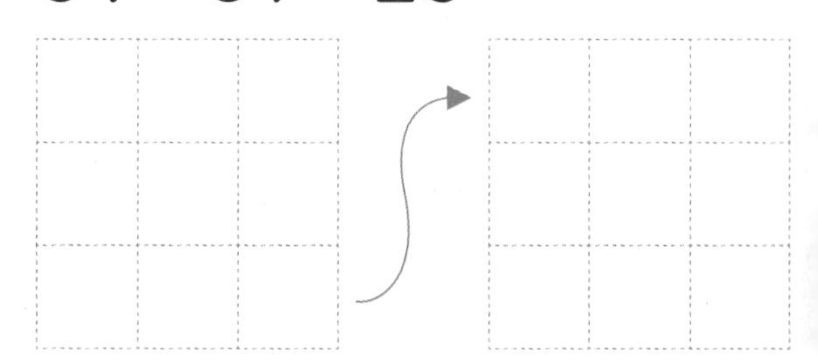

7 $83-18-24$

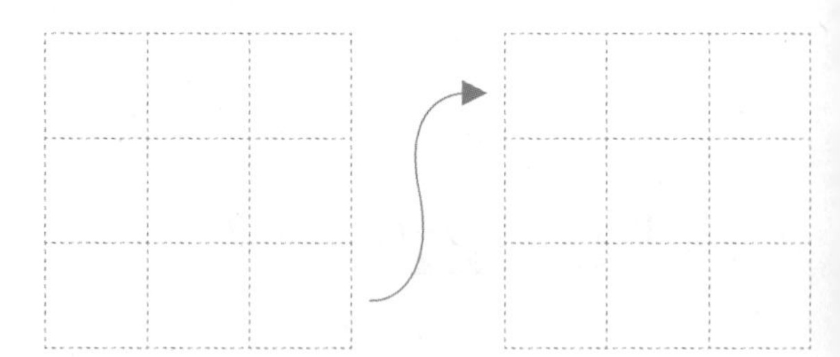

8 $86-43-12$

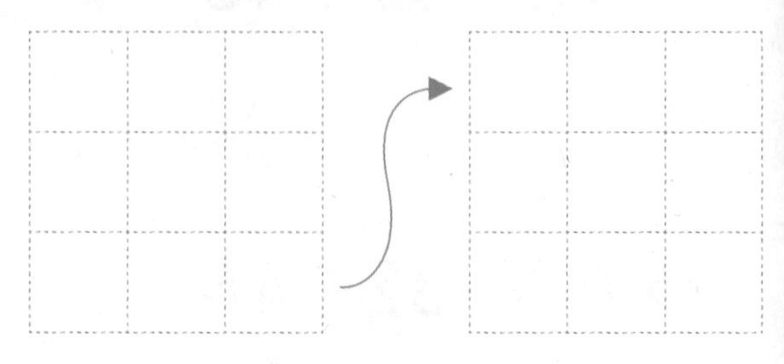

계산해 보세요.

9 $41-17-15$

17 $92-38-26$

10 $71-21-18$

18 $82-32-27$

11 $95-19-41$

19 $58-13-20$

12 $73-23-39$

20 $94-41-32$

13 $83-32-10$

21 $75-15-43$

14 $65-16-34$

22 $97-27-56$

15 $86-14-27$

23 $89-28-48$

16 $76-39-19$

24 $94-34-40$

스스로 평가

세 수의 덧셈과 뺄셈

계산해 보세요.

1 $52-14-29$

	5	2
−	1	4

−	2	9

2 $62-39-22$

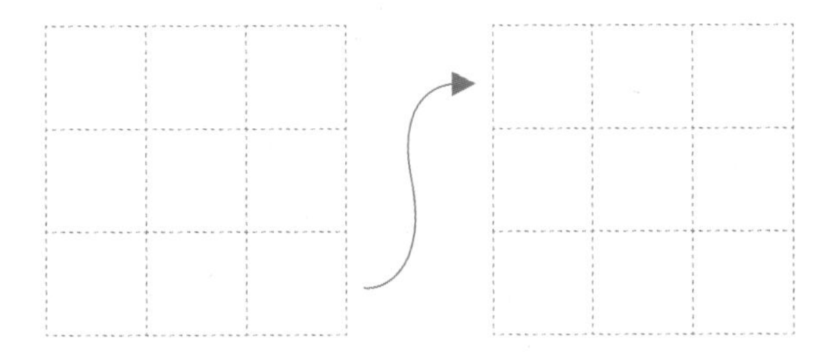

3 $64-19-26$

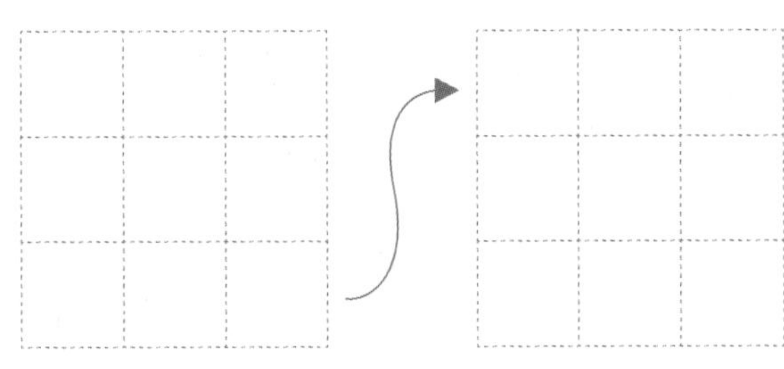

4 $73-16-25$

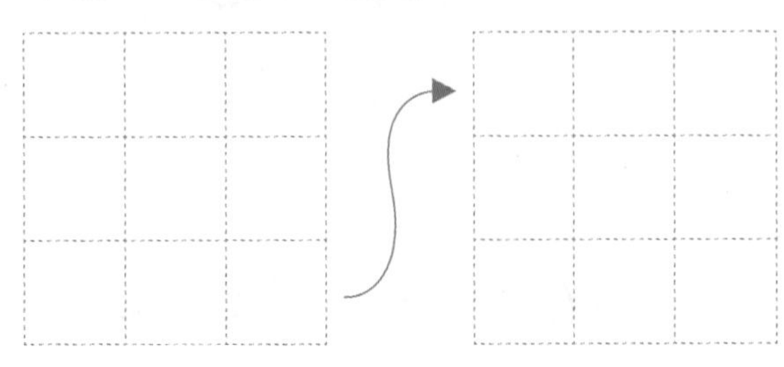

5 $84-42-21$

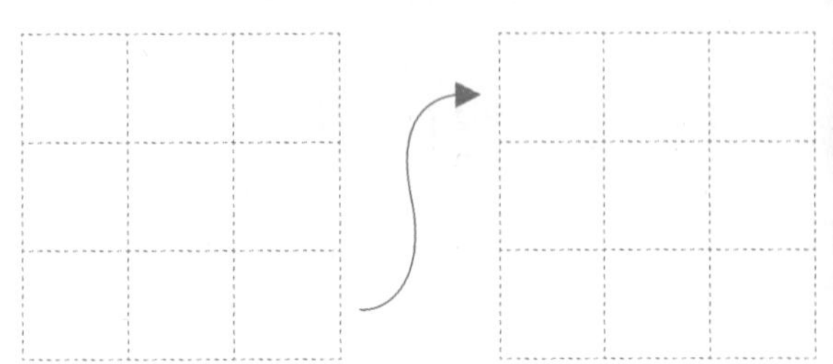

6 $85-29-37$

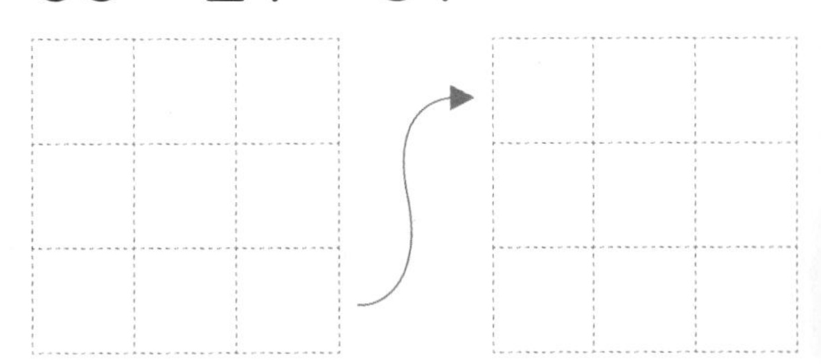

7 $91-25-38$

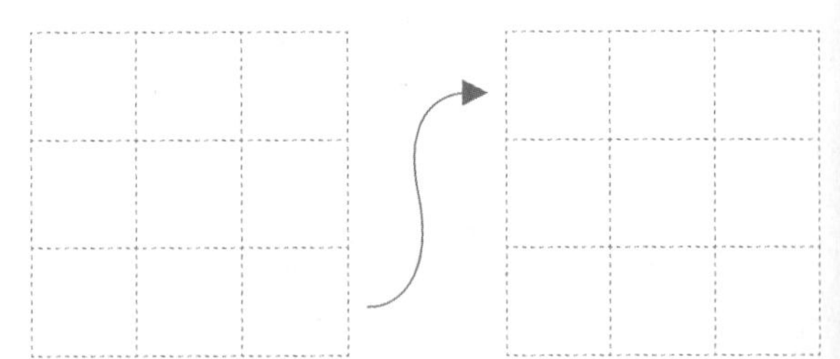

8 $93-48-27$

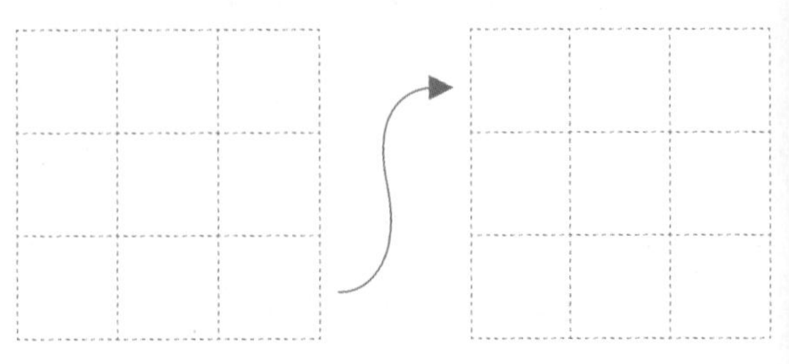

계산해 보세요.

9 $68-17-20$

10 $92-39-45$

11 $82-19-37$

12 $87-41-32$

13 $73-35-19$

14 $47-14-29$

15 $93-34-56$

16 $63-16-28$

17 $56-18-29$

18 $82-26-36$

19 $62-18-23$

20 $94-29-48$

21 $71-35-17$

22 $79-42-14$

23 $94-47-28$

24 $91-45-39$

스스로 평가

세 수의 덧셈과 뺄셈

빈 곳에 알맞은 수를 써넣으세요.

1

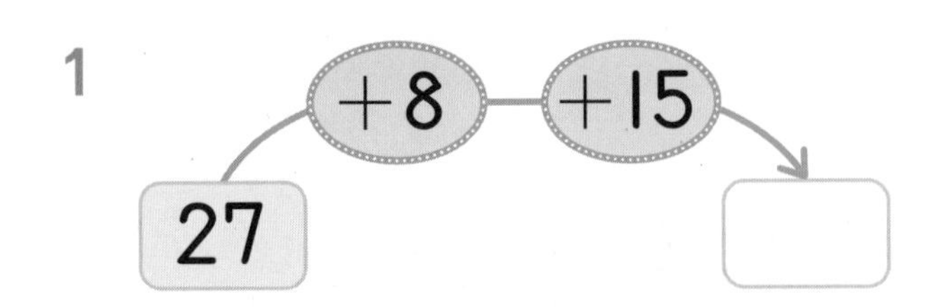

6

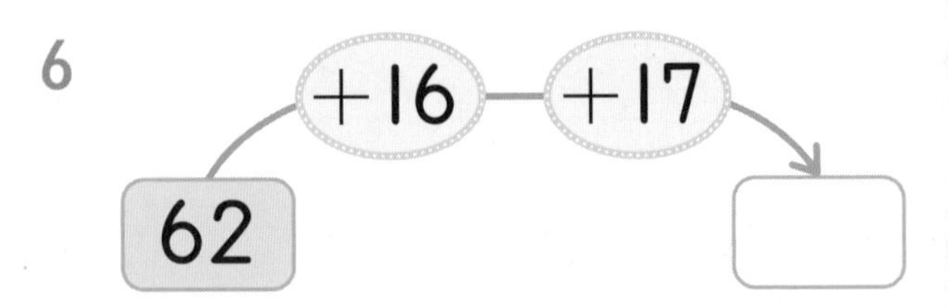

2

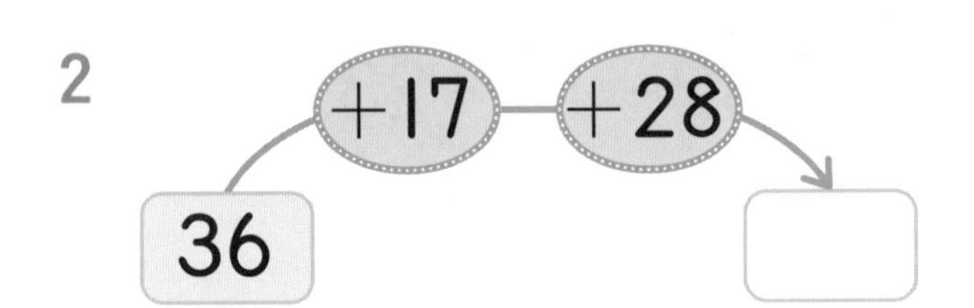

7

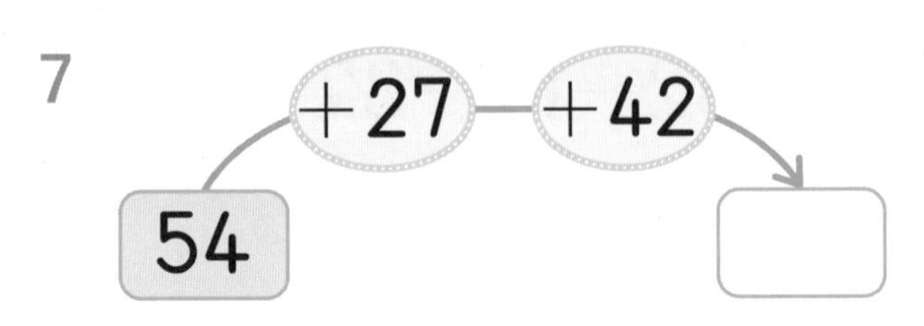

3

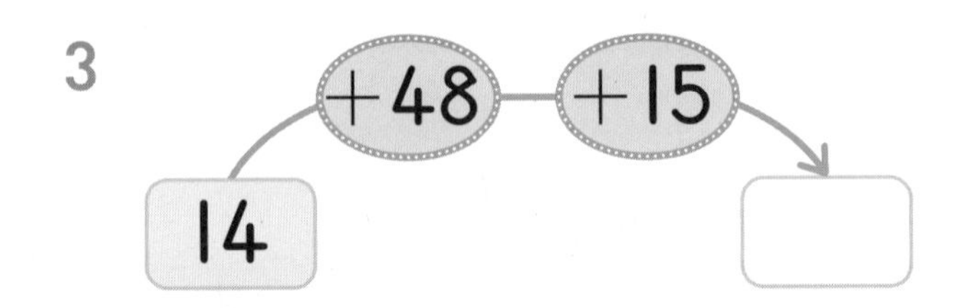

8

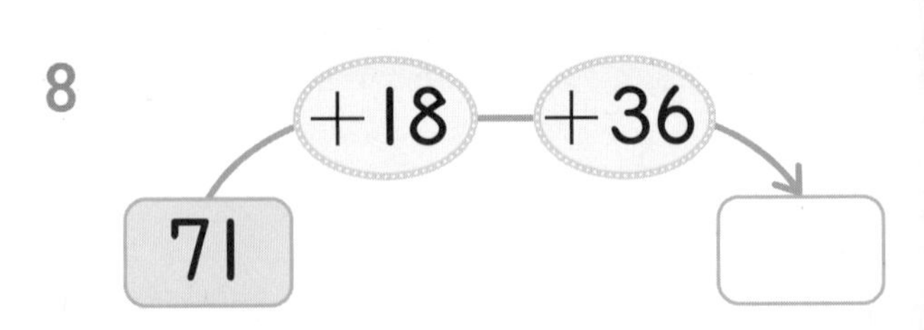

4

+19 +16

36

9

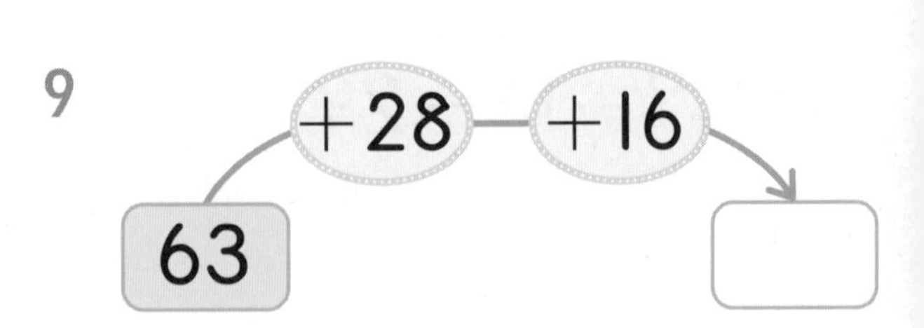

5

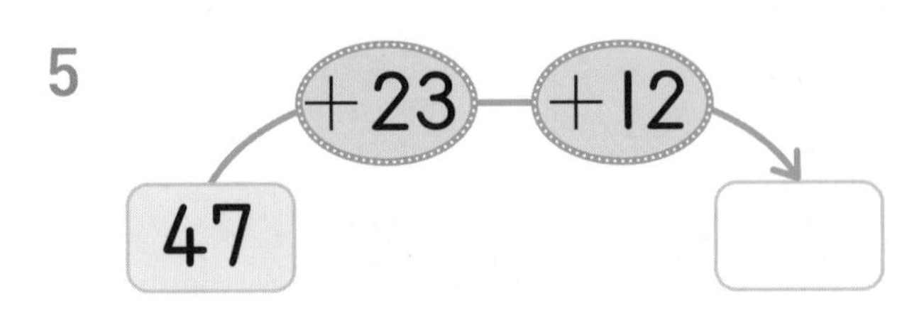

10

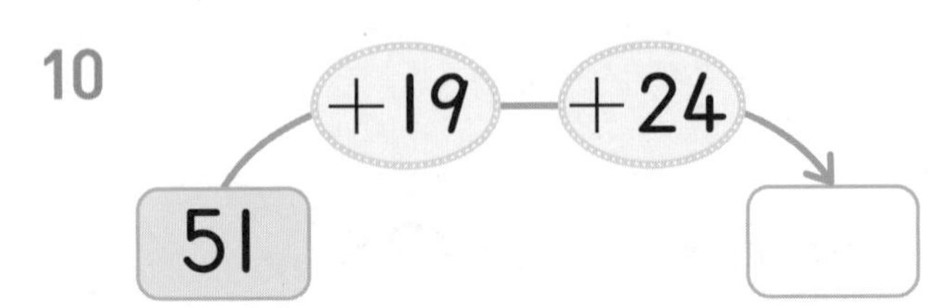

빈 곳에 알맞은 수를 써넣으세요.

11 64 −16 −28 ( )

12 97 −38 −24 ( )

13 72 −36 −18 ( )

14 84 −14 −57 ( )

15 64 −28 −19 ( )

16 72 −24 −17 ( )

17 59 −15 −29 ( )

18 81 −26 −17 ( )

19 92 −13 −29 ( )

20 63 −29 −16 ( )

스스로 평가  

6주 생각 수학

15명이 타고 있는 버스가 출발했어요. 길을 따라 계산하여 계산 결과를 버스에 써 보세요.

✎ 사다리를 따라 내려가면서 계산하여 빈 곳에 알맞은 수를 써넣으세요.

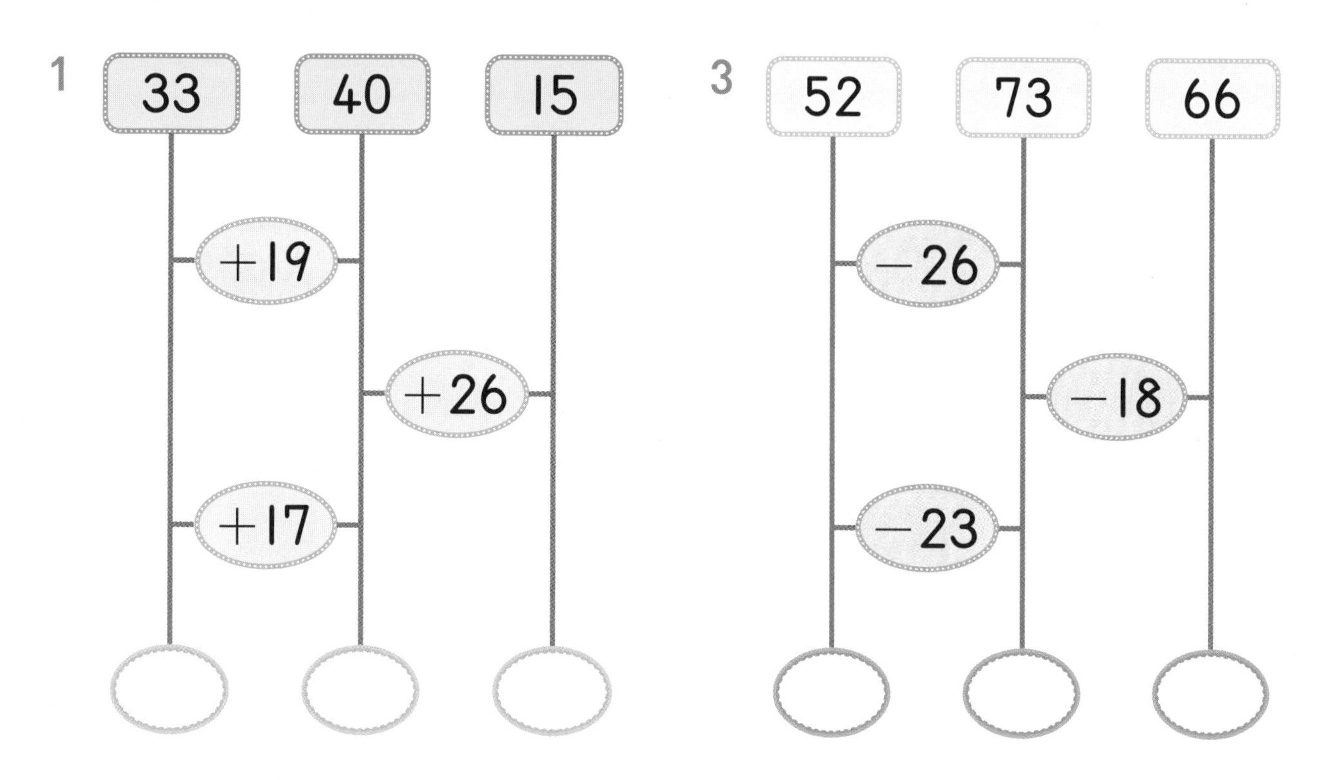

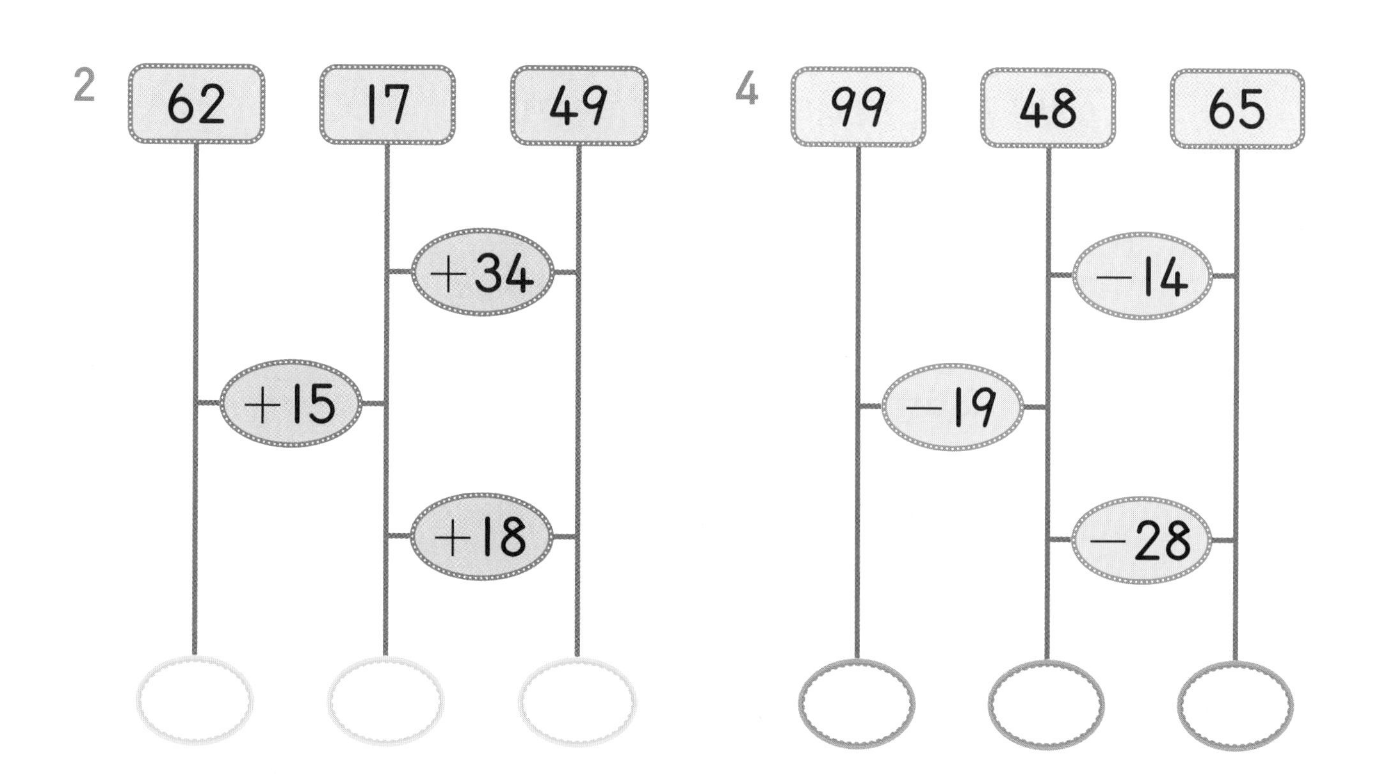

2의 단, 5의 단 곱셈구구

희진이는 엄마와 함께 마트에서 한 상자에 2개씩 들어 있는 샴푸와 한 상자에 5개씩 들어 있는 비누를 사려고 해요.

- 샴푸 3상자는 모두 몇 개인가요?
  ➡ 2개씩 3상자는 $2+2+2=6$(개)예요.
  이것을 곱셈식으로 나타내면 $2\times3=6$(개)예요.
- 샴푸 4상자는 모두 몇 개인가요?
  ➡ 2개씩 4상자는 $2+2+2+2=8$(개)예요.
  이것을 곱셈식으로 나타내면 $2\times4=8$(개)예요.

- 비누 4상자는 모두 몇 개인가요?
  ➡ 5개씩 4상자는 $5+5+5+5=20$(개)예요.
  이것을 곱셈식으로 나타내면 $5\times4=20$(개)예요.
- 비누 5상자는 모두 몇 개인가요?
  ➡ 5개씩 5상자는 $5+5+5+5+5=25$(개)예요.
  이것을 곱셈식으로 나타내면 $5\times5=25$(개)예요.

일차	1일 학습	2일 학습	3일 학습	4일 학습	5일 학습
공부할 날	월 일	월 일	월 일	월 일	월 일

2의 단 곱셈구구

$2\times1=2$	$2\times4=8$	$2\times7=14$
$2\times2=4$	$2\times5=10$	$2\times8=16$
$2\times3=6$	$2\times6=12$	$2\times9=18$

5의 단 곱셈구구

$5\times1=5$	$5\times4=20$	$5\times7=35$
$5\times2=10$	$5\times5=25$	$5\times8=40$
$5\times3=15$	$5\times6=30$	$5\times9=45$

□ 안에 알맞은 수 구하기

- $2\times\square=8$에서 □ 안에 알맞은 수 구하기
  $2\times4=8$이므로 $2\times\square=8$ ➡ $\square=4$

2의 단 곱셈구구를 이용해요.

- $5\times\square=35$에서 □ 안에 알맞은 수 구하기
  $5\times7=35$이므로 $5\times\square=35$ ➡ $\square=7$

5의 단 곱셈구구를 이용해요.

개념 쏙쏙 노트

- 2의 단 곱셈구구에서 곱하는 수가 1씩 커지면 그 곱은 2씩 커집니다.

×	1	2	3	4	5	6	7	8	9
2	2	4	6	8	10	12	14	16	18

+2 +2 +2 +2 +2 +2 +2 +2

- 5의 단 곱셈구구에서 곱하는 수가 1씩 커지면 그 곱은 5씩 커집니다.

×	1	2	3	4	5	6	7	8	9
5	5	10	15	20	25	30	35	40	45

+5 +5 +5 +5 +5 +5 +5 +5

2의 단, 5의 단 곱셈구구

그림을 보고 □ 안에 알맞은 수를 써넣으세요.

1

$2 \times 2 = \square$

2

$2 \times 3 = \square$

3

$2 \times 5 = \square$

4

$2 \times 4 = \square$

5

$2 \times 7 = \square$

6

$2 \times 8 = \square$

7

$2 \times 6 = \square$

8

$2 \times 9 = \square$

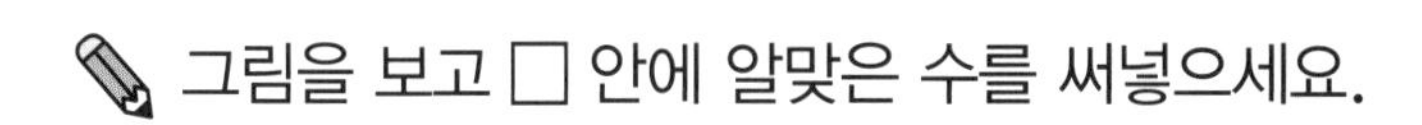

그림을 보고 □ 안에 알맞은 수를 써넣으세요.

9

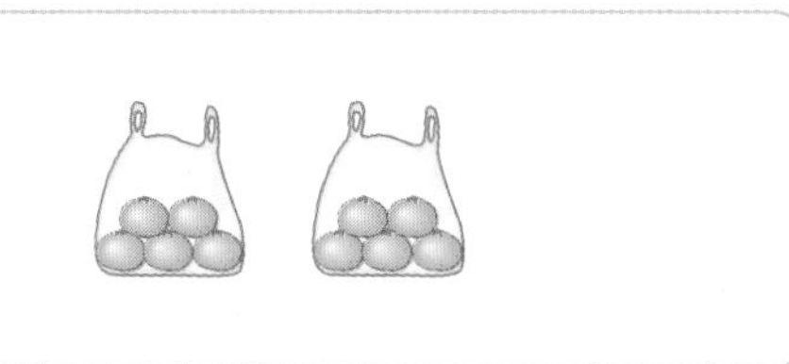

$5 \times 2 = \square$

13

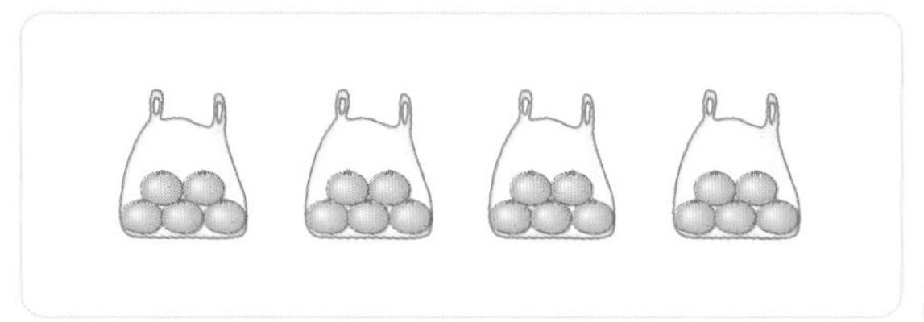

$5 \times 4 = \square$

10

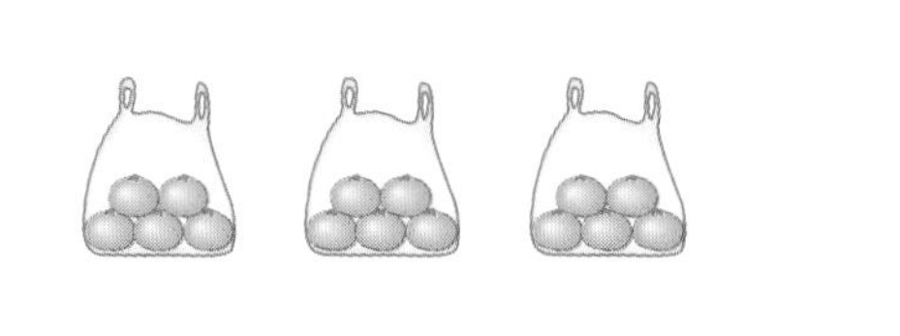

$5 \times 3 = \square$

14

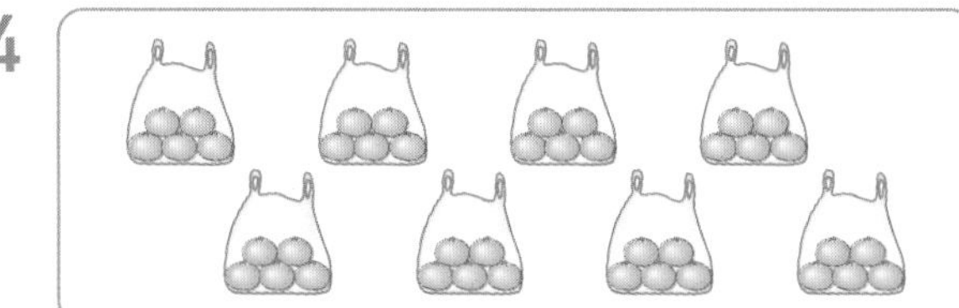

$5 \times 8 = \square$

11

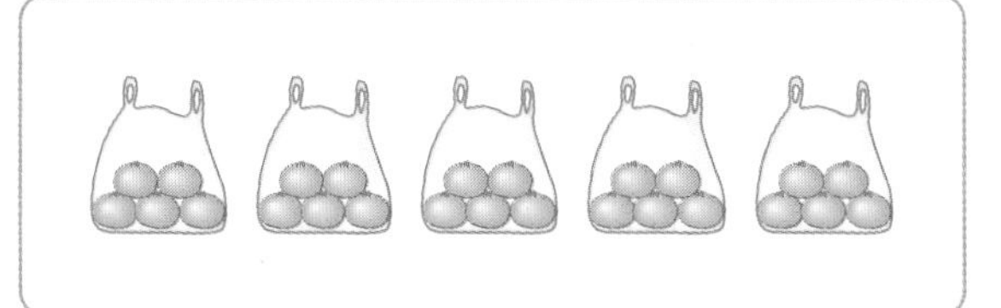

$5 \times 5 = \square$

15

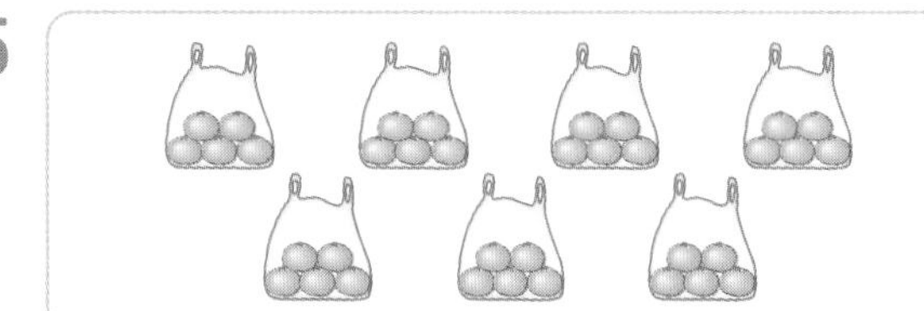

$5 \times 7 = \square$

12

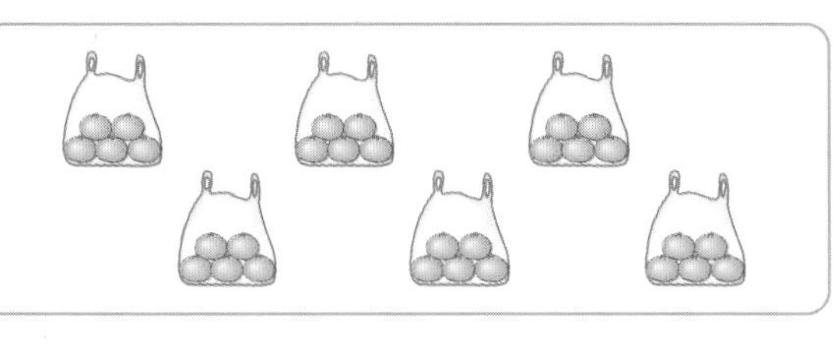

$5 \times 6 = \square$

16

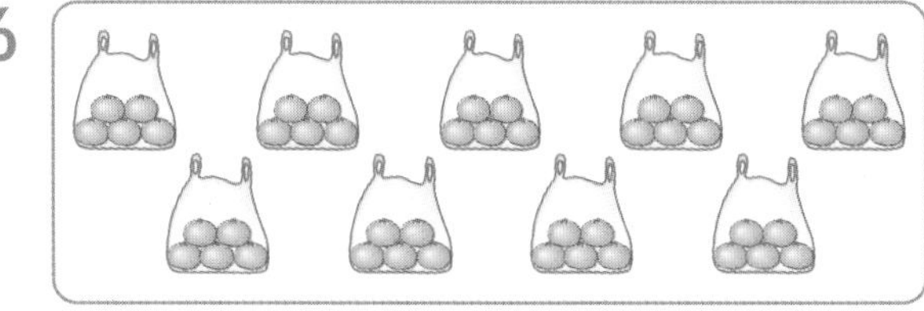

$5 \times 9 = \square$

스스로 평가

2의 단, 5의 단 곱셈구구

계산해 보세요.

1 2×1

2 5×1

3 2×2

4 5×2

5 2×7

6 5×5

7 5×3

8 5×4

9 2×3

10 5×7

11 2×4

12 2×5

13 5×6

14 2×9

15 5×8

16 2×5

17 5×9

18 2×8

19 2×6

20 2×7

21 5×4

계산해 보세요.

22 2×2

23 2×1

24 5×3

25 2×3

26 5×6

27 2×8

28 5×7

29 5×1

30 5×5

31 2×4

32 5×2

33 2×5

34 2×7

35 2×9

36 5×9

37 2×6

38 5×4

39 2×7

40 5×8

41 5×7

42 5×5

3 반복 일

2의 단, 5의 단 곱셈구구

계산해 보세요.

1 5×6

2 2×8

3 5×3

4 5×4

5 2×2

6 5×2

7 2×7

8 2×4

9 5×5

10 2×1

11 5×9

12 5×1

13 2×6

14 5×8

15 5×7

16 2×3

17 2×7

18 5×2

19 2×5

20 5×3

21 2×9

계산해 보세요.

22 5×3

23 2×5

24 2×7

25 5×6

26 2×3

27 2×8

28 5×5

29 5×9

30 5×1

31 5×7

32 2×2

33 5×4

34 2×6

35 5×8

36 2×8

37 5×2

38 2×4

39 5×9

40 2×1

41 5×7

42 2×9

2의 단, 5의 단 곱셈구구

✎ □ 안에 알맞은 수를 써넣으세요.

1 $2 \times \square = 2$

2 $5 \times \square = 10$

3 $2 \times \square = 4$

4 $5 \times \square = 30$

5 $2 \times \square = 8$

6 $5 \times \square = 5$

7 $5 \times \square = 35$

8 $5 \times \square = 15$

9 $2 \times \square = 6$

10 $5 \times \square = 25$

11 $2 \times \square = 12$

12 $5 \times \square = 45$

13 $2 \times \square = 18$

14 $5 \times \square = 15$

15 $2 \times \square = 14$

16 $2 \times \square = 10$

17 $5 \times \square = 20$

18 $5 \times \square = 40$

19 $2 \times \square = 16$

20 $2 \times \square = 6$

21 $5 \times \square = 30$

□ 안에 알맞은 수를 써넣으세요.

22 $5\times\square=35$

29 $5\times\square=15$

36 $5\times\square=20$

23 $2\times\square=8$

30 $2\times\square=6$

37 $2\times\square=18$

24 $2\times\square=14$

31 $2\times\square=2$

38 $5\times\square=10$

25 $2\times\square=10$

32 $5\times\square=25$

39 $2\times\square=4$

26 $5\times\square=5$

33 $5\times\square=40$

40 $2\times\square=14$

27 $2\times\square=16$

34 $2\times\square=12$

41 $5\times\square=30$

28 $2\times\square=18$

35 $5\times\square=45$

42 $5\times\square=35$

스스로 평가

2의 단, 5의 단 곱셈구구

빈 곳에 알맞은 수를 써넣으세요.

1 

2 5 → ×6 → ☐

3 2 → ×4 → ☐

4 5 → ×9 → ☐

5 2 → ×8 → ☐

6 

7 

8 

9 

10 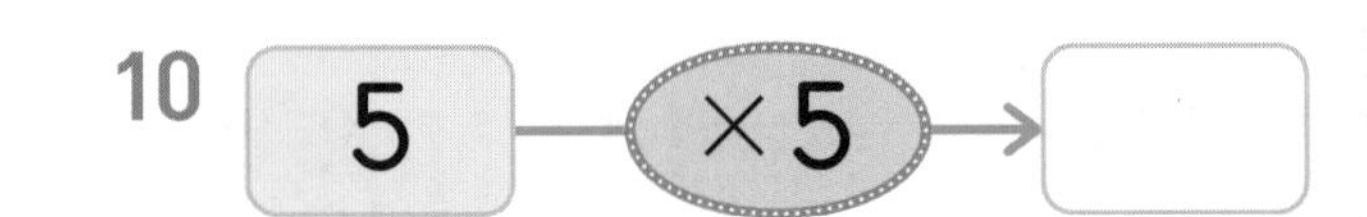

□ 안에 알맞은 수를 써넣으세요.

11
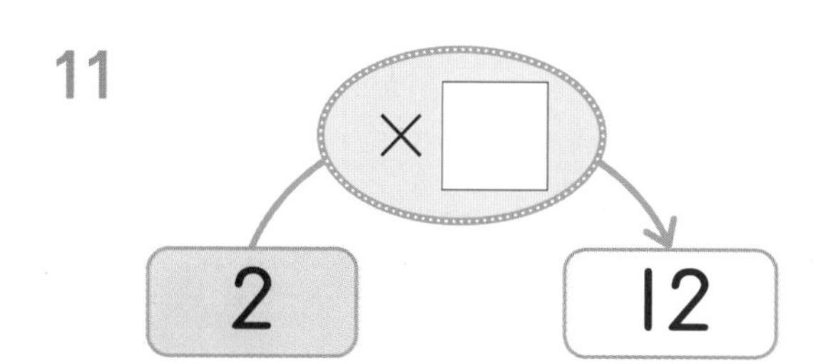

12
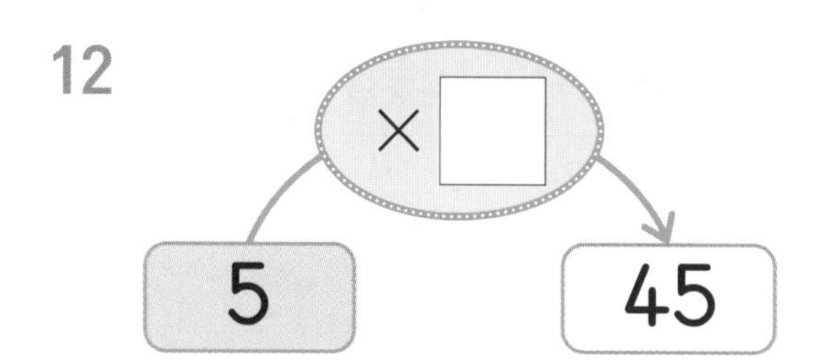

13
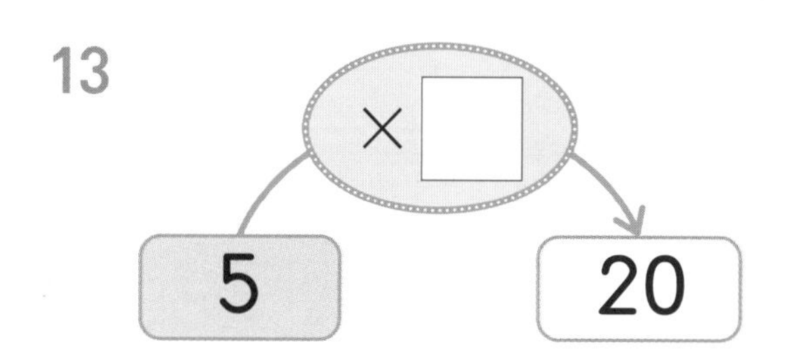

14
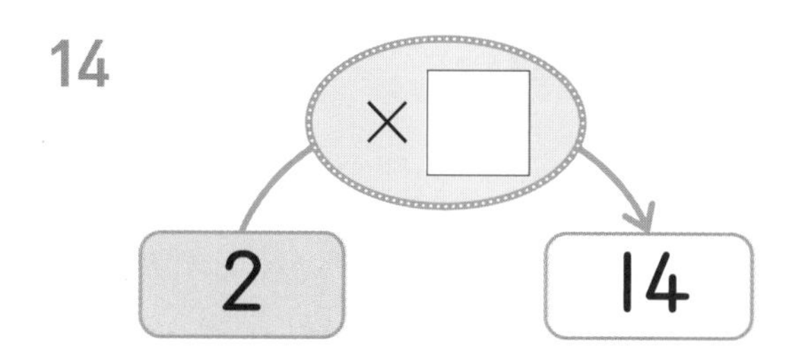

15
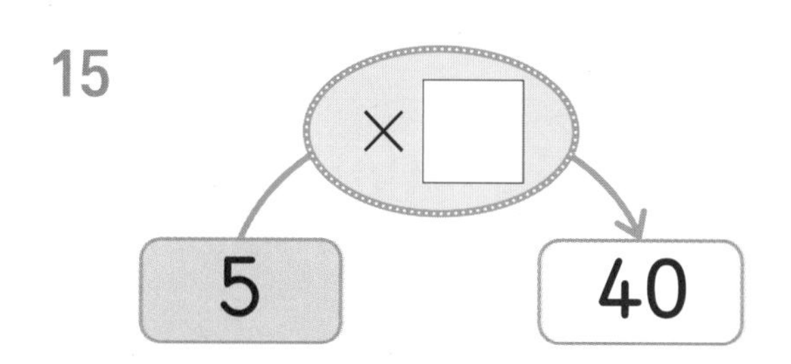

16
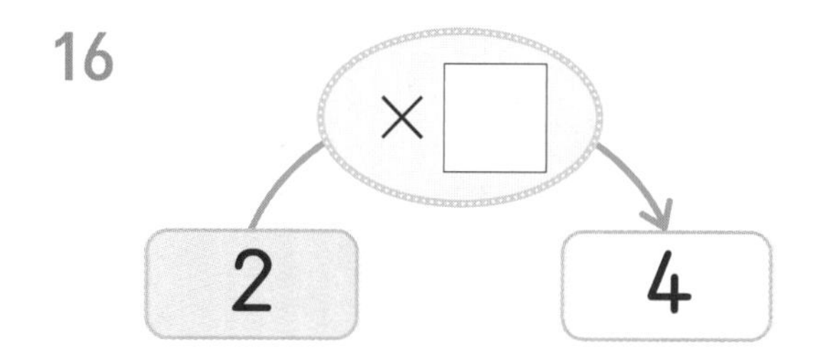

17
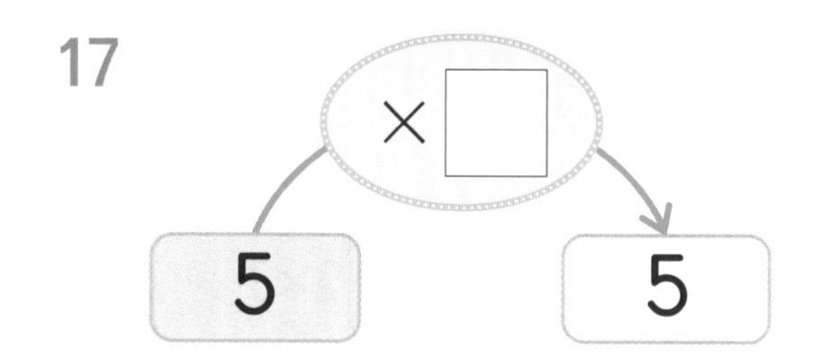

18
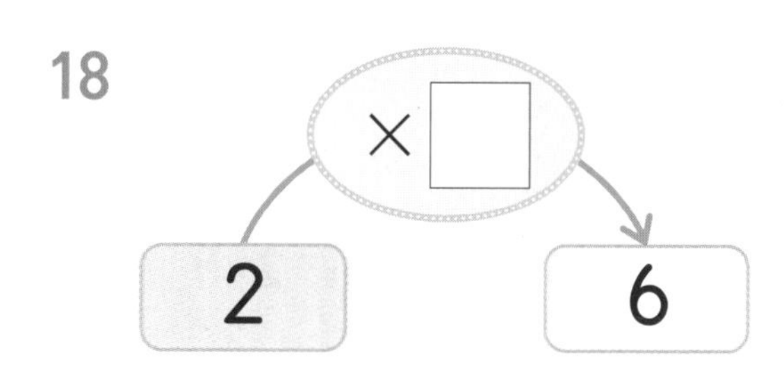

19
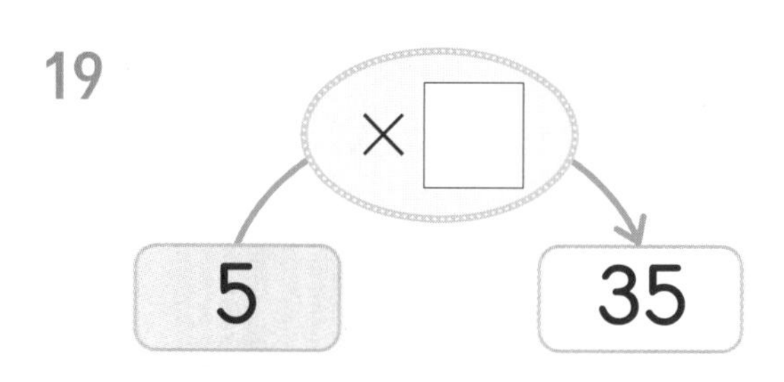

20
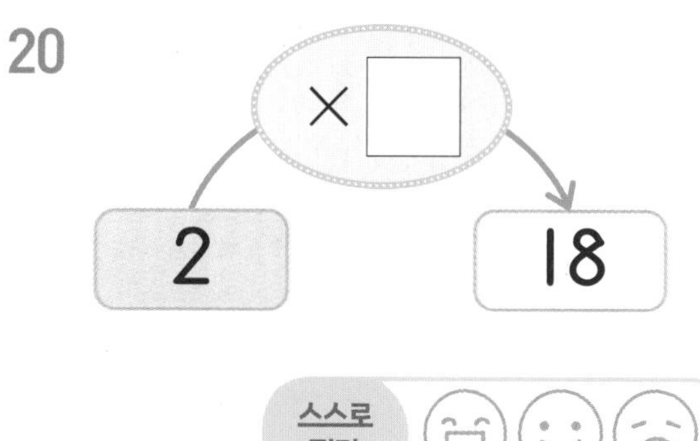

스스로 평가

7주 생각 수학

✎ 계산 결과에 알맞은 붙임 딱지를 문에 붙이면서 길을 따라 가 보세요. 붙임딱지

✎ 희진이의 일기예요. □ 안에 알맞은 수를 써넣으세요.

20○○년 6월 12일 수요일	날씨: 맑음

엄마와 함께 유기견 돕기 바자회에서 팔 비누를 만들었다. 비누에 좋은 향기가 나도록 레몬향과 자몽향 오일을 넣었다. 레몬향이 나는 비누는 2개씩 6상자로 □개를 만들었고, 자몽향이 나는 비누는 5개씩 □상자로 40개를 만들었다. 이번 주 토요일 바자회에서 비누를 모두 팔아 유기견들에게 도움을 주고 싶다.

3의 단, 6의 단 곱셈구구

놀이공원의 놀이 기구 중 커피잔은 한 개에 3명씩 탈 수 있고, 코끼리 기차는 한 칸에 6명씩 탈 수 있어요.

- 커피잔 3개에는 모두 몇 명이 탈 수 있나요?
  ➡ 3명씩 3개에는 $3+3+3=9$(명)이 탈 수 있어요.
  이것을 곱셈식으로 나타내면 $3\times3=9$(명)이 탈 수 있어요.
- 커피잔 4개에는 모두 몇 명이 탈 수 있나요?
  ➡ 3명씩 4개에는 $3+3+3+3=12$(명)이 탈 수 있어요.
  이것을 곱셈식으로 나타내면 $3\times4=12$(명)이 탈 수 있어요.

- 코끼리 기차 3칸에는 모두 몇 명이 탈 수 있나요?
  ➡ 6명씩 3칸에는 $6+6+6=18$(명)이 탈 수 있어요.
  이것을 곱셈식으로 나타내면 $6\times3=18$(명)이 탈 수 있어요.
- 코끼리 기차 4칸에는 모두 몇 명이 탈 수 있나요?
  ➡ 6명씩 4칸에는 $6+6+6+6=24$(명)이 탈 수 있어요.
  이것을 곱셈식으로 나타내면 $6\times4=24$(명)이 탈 수 있어요.

일차	1일 학습	2일 학습	3일 학습	4일 학습	5일 학습
공부할 날	월 일	월 일	월 일	월 일	월 일

3의 단 곱셈구구

$3\times1=3$	$3\times4=12$	$3\times7=21$
$3\times2=6$	$3\times5=15$	$3\times8=24$
$3\times3=9$	$3\times6=18$	$3\times9=27$

6의 단 곱셈구구

$6\times1=6$	$6\times4=24$	$6\times7=42$
$6\times2=12$	$6\times5=30$	$6\times8=48$
$6\times3=18$	$6\times6=36$	$6\times9=54$

□ 안에 알맞은 수 구하기

- $3\times\square=15$에서 □ 안에 알맞은 수 구하기
  $3\times5=15$이므로 $3\times\square=15$ ➡ $\square=5$

3의 단 곱셈구구를 이용해요.

- $6\times\square=42$에서 □ 안에 알맞은 수 구하기
  $6\times7=42$이므로 $6\times\square=42$ ➡ $\square=7$

6의 단 곱셈구구를 이용해요.

개념 쏙쏙 노트

- 3의 단 곱셈구구에서 곱하는 수가 1씩 커지면 그 곱은 3씩 커집니다.

×	1	2	3	4	5	6	7	8	9
3	3	6	9	12	15	18	21	24	27

+3 +3 +3 +3 +3 +3 +3 +3

- 6의 단 곱셈구구에서 곱하는 수가 1씩 커지면 그 곱은 6씩 커집니다.

×	1	2	3	4	5	6	7	8	9
6	6	12	18	24	30	36	42	48	54

+6 +6 +6 +6 +6 +6 +6 +6

3의 단, 6의 단 곱셈구구

그림을 보고 □ 안에 알맞은 수를 써넣으세요.

1

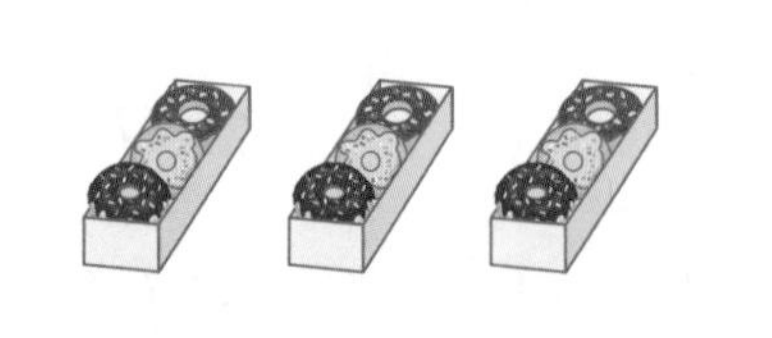

$3 \times 3 = \square$

2

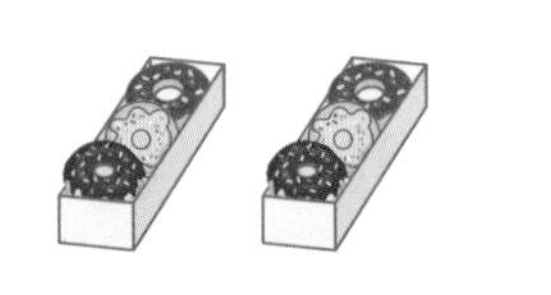

$3 \times 2 = \square$

3

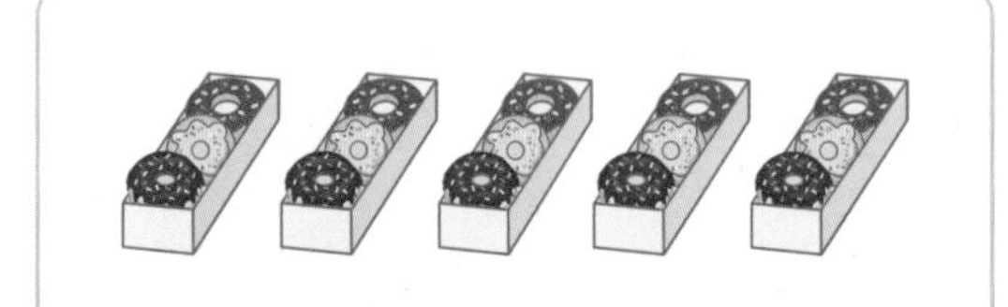

$3 \times 5 = \square$

4

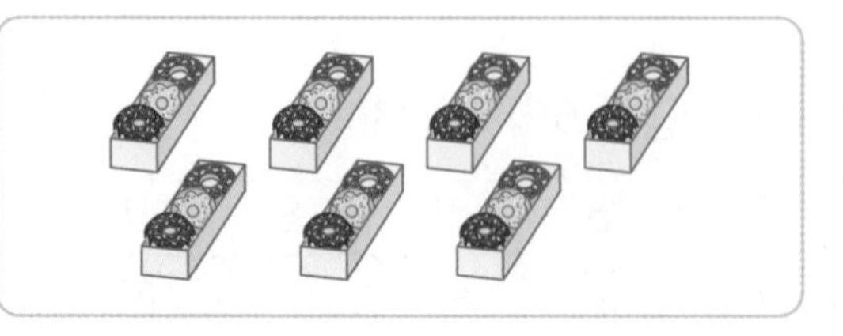

$3 \times 7 = \square$

5

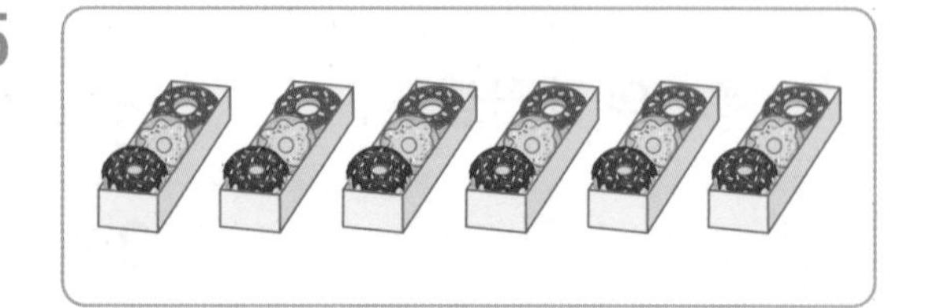

$3 \times 6 = \square$

6

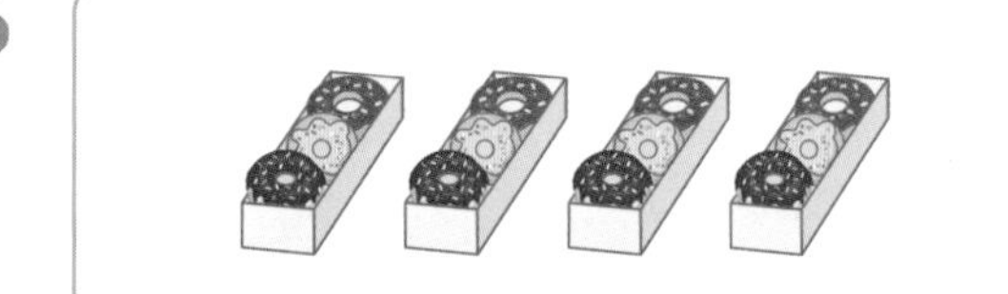

$3 \times 4 = \square$

7

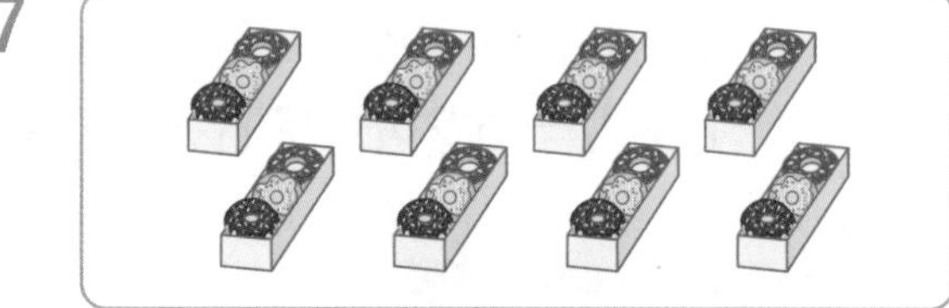

$3 \times 8 = \square$

8

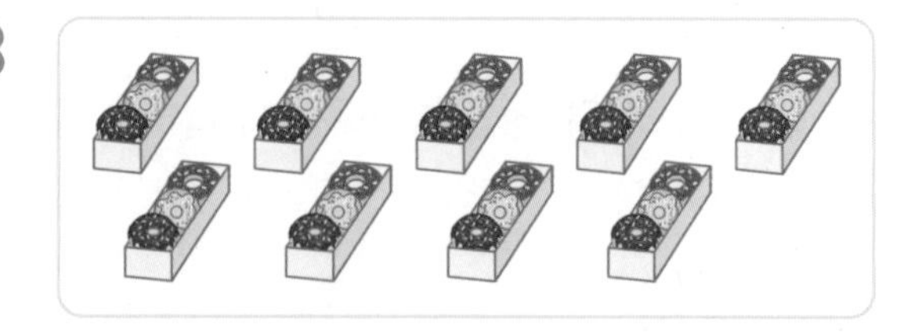

$3 \times 9 = \square$

 그림을 보고 □ 안에 알맞은 수를 써넣으세요.

9

$6 \times 4 = \square$

10

$6 \times 3 = \square$

11

$6 \times 2 = \square$

12

$6 \times 7 = \square$

13

$6 \times 6 = \square$

14

$6 \times 5 = \square$

15

$6 \times 9 = \square$

16

$6 \times 8 = \square$

스스로 평가

3의 단, 6의 단 곱셈구구

계산해 보세요.

1 6×2

2 3×1

3 3×2

4 6×1

5 3×6

6 6×5

7 6×7

8 3×3

9 6×4

10 6×6

11 3×5

12 6×8

13 3×4

14 3×9

15 6×3

16 3×4

17 3×8

18 6×9

19 3×7

20 6×6

21 6×4

공부한 날	월 일

맞힌 개수	개
걸린 시간	분

✎ 계산해 보세요.

22 6×5

23 3×7

24 6×8

25 6×2

26 3×3

27 6×3

28 3×8

29 6×4

30 6×9

31 3×2

32 6×6

33 6×1

34 3×5

35 3×6

36 3×4

37 3×9

38 6×3

39 3×1

40 6×7

41 3×3

42 6×8

3일 반복

3의 단, 6의 단 곱셈구구

계산해 보세요.

1 6×6

2 3×8

3 6×8

4 6×1

5 3×6

6 6×2

7 3×5

8 6×4

9 3×4

10 3×7

11 3×2

12 6×3

13 3×9

14 6×7

15 3×3

16 6×2

17 3×1

18 6×9

19 6×5

20 3×7

21 6×8

계산해 보세요.

22 6×2

29 3×6

36 6×5

23 6×9

30 3×8

37 3×2

24 3×3

31 3×5

38 6×4

25 6×6

32 6×1

39 3×8

26 3×1

33 6×7

40 6×8

27 6×3

34 3×9

41 3×4

28 3×7

35 3×6

42 6×9

스스로 평가

3의 단, 6의 단 곱셈구구

□ 안에 알맞은 수를 써넣으세요.

1 $6 \times \square = 6$

2 $3 \times \square = 3$

3 $6 \times \square = 42$

4 $6 \times \square = 54$

5 $3 \times \square = 9$

6 $6 \times \square = 12$

7 $3 \times \square = 27$

8 $3 \times \square = 24$

9 $6 \times \square = 36$

10 $3 \times \square = 6$

11 $6 \times \square = 18$

12 $3 \times \square = 27$

13 $3 \times \square = 15$

14 $6 \times \square = 42$

15 $3 \times \square = 18$

16 $6 \times \square = 12$

17 $6 \times \square = 48$

18 $3 \times \square = 12$

19 $6 \times \square = 24$

20 $3 \times \square = 21$

21 $6 \times \square = 30$

□ 안에 알맞은 수를 써넣으세요.

22 $3 \times \square = 27$

23 $3 \times \square = 15$

24 $6 \times \square = 42$

25 $3 \times \square = 6$

26 $6 \times \square = 18$

27 $3 \times \square = 24$

28 $6 \times \square = 12$

29 $6 \times \square = 24$

30 $3 \times \square = 21$

31 $6 \times \square = 54$

32 $6 \times \square = 6$

33 $3 \times \square = 18$

34 $3 \times \square = 15$

35 $6 \times \square = 48$

36 $3 \times \square = 9$

37 $6 \times \square = 12$

38 $3 \times \square = 3$

39 $6 \times \square = 36$

40 $3 \times \square = 27$

41 $3 \times \square = 12$

42 $3 \times \square = 21$

스스로 평가

3의 단, 6의 단 곱셈구구

빈 곳에 알맞은 수를 써넣으세요.

1 | 3 | ×5 | □

2 | 6 | ×7 | □

3 | 3 | ×9 | □

4 | 6 | ×9 | □

5 | 3 | ×8 | □

6 | 6 | ×2 | □

7 | 3 | ×6 | □

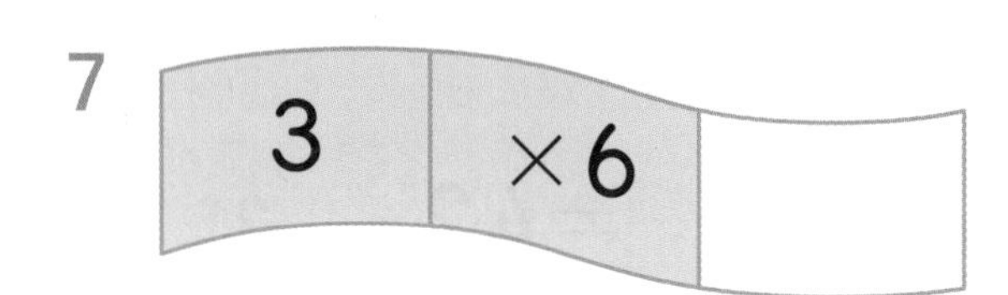

8 | 6 | ×5 | □

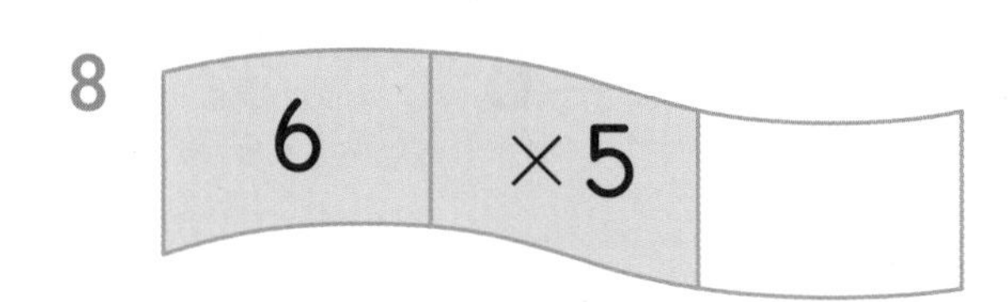

9 | 3 | ×4 | □

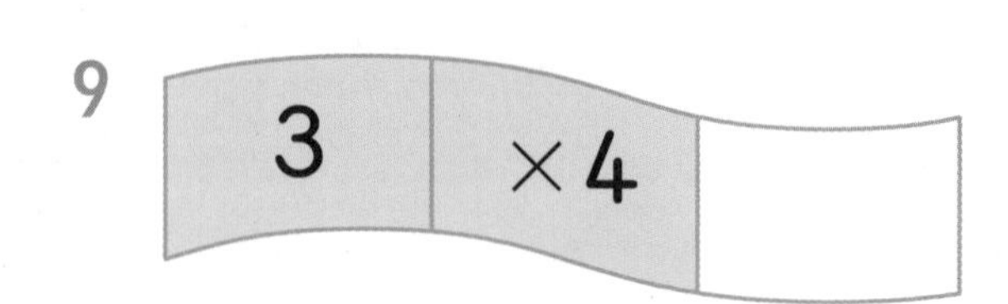

10 | 6 | ×8 | □

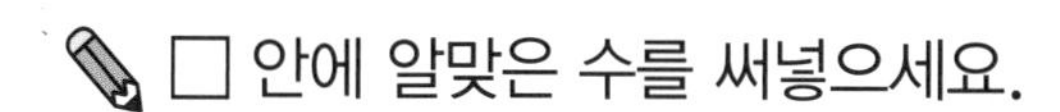

□ 안에 알맞은 수를 써넣으세요.

11 3 → × □ → 9

12 6 → × □ → 54

13 3 → × □ → 21

14 6 → × □ → 36

15 3 → × □ → 18

16 6 → × □ → 18

17 3 → × □ → 6

18 6 → × □ → 24

19 3 → × □ → 24

20 6 → × □ → 6

스스로 평가

3의 단 곱셈구구를 모두 찾아 붙임 딱지를 붙여 보세요. 붙임딱지

한 친구가 수를 말하면 다른 친구가 몇을 곱하여 말하는 게임을 해요. 몇을 곱해서 말한 것인지 □ 안에 알맞은 수를 써넣으세요.

친구가 말한 수에 □ 을 곱했어요.

친구가 말한 수에 □ 을 곱했어요.

4의 단, 8의 단 곱셈구구

유진이는 생일에 친구들과 먹기 위해 한 상자에 4개씩 들어 있는 컵케이크와 한 상자에 8개씩 들어 있는 마카롱을 사려고 해요.

- 컵케이크 3상자는 몇 개인가요?
  ➡ 4개씩 3상자는 $4+4+4=12$(개)예요.
  이것을 곱셈식으로 나타내면 $4\times3=12$(개)예요.
- 컵케이크 4상자는 몇 개인가요?
  ➡ 4개씩 4상자는 $4+4+4+4=16$(개)예요.
  이것을 곱셈식으로 나타내면 $4\times4=16$(개)예요.

- 마카롱 4상자는 몇 개인가요?
  ➡ 8개씩 4상자는 $8+8+8+8=32$(개)예요.
  이것을 곱셈식으로 나타내면 $8\times4=32$(개)예요.
- 마카롱 5상자는 몇 개인가요?
  ➡ 8개씩 5상자는 $8+8+8+8+8=40$(개)예요.
  이것을 곱셈식으로 나타내면 $8\times5=40$(개)예요.

학습계획

일차	1일 학습	2일 학습	3일 학습	4일 학습	5일 학습
공부할 날	월 일	월 일	월 일	월 일	월 일

4의 단 곱셈구구

$4\times1=4$	$4\times4=16$	$4\times7=28$
$4\times2=8$	$4\times5=20$	$4\times8=32$
$4\times3=12$	$4\times6=24$	$4\times9=36$

8의 단 곱셈구구

$8\times1=8$	$8\times4=32$	$8\times7=56$
$8\times2=16$	$8\times5=40$	$8\times8=64$
$8\times3=24$	$8\times6=48$	$8\times9=72$

□ 안에 알맞은 수 구하기

- $4\times□=20$에서 □ 안에 알맞은 수 구하기
  $4\times5=20$이므로 $4\times□=20$ ➡ $□=5$

4의 단 곱셈구구를 이용해요.

- $8\times□=64$에서 □ 안에 알맞은 수 구하기
  $8\times8=64$이므로 $8\times□=64$ ➡ $□=8$

8의 단 곱셈구구를 이용해요.

개념 쏙쏙 노트

- 4의 단 곱셈구구에서 곱하는 수가 1씩 커지면 그 곱은 4씩 커집니다.

×	1	2	3	4	5	6	7	8	9
4	4	8	12	16	20	24	28	32	36

+4 +4 +4 +4 +4 +4 +4 +4

- 8의 단 곱셈구구에서 곱하는 수가 1씩 커지면 그 곱은 8씩 커집니다.

×	1	2	3	4	5	6	7	8	9
8	8	16	24	32	40	48	56	64	72

+8 +8 +8 +8 +8 +8 +8 +8

4의 단, 8의 단 곱셈구구

그림을 보고 □ 안에 알맞은 수를 써넣으세요.

1

$4 \times 2 = \square$

5

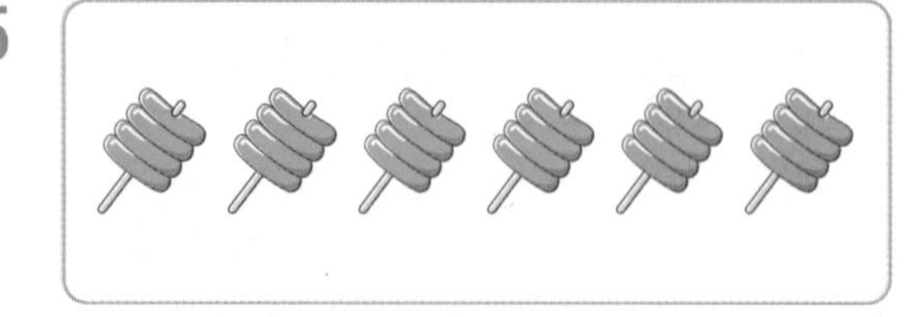

$4 \times 6 = \square$

2

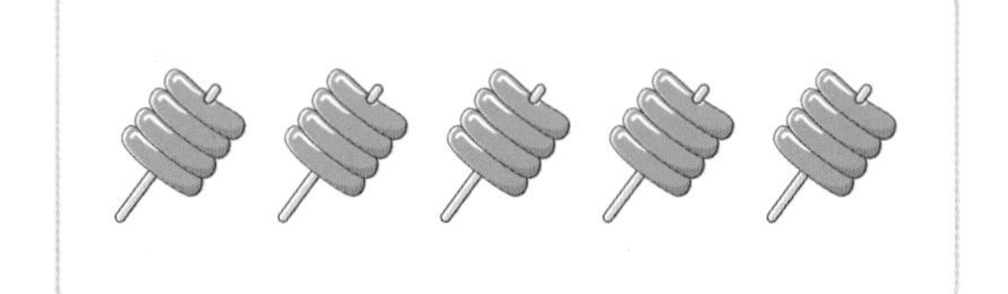

$4 \times 5 = \square$

6

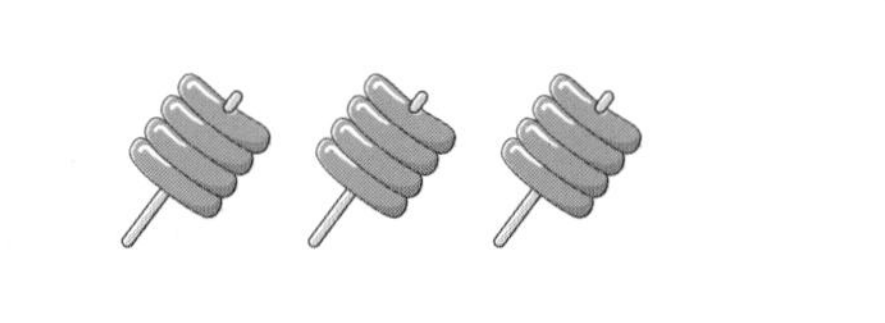

$4 \times 3 = \square$

3

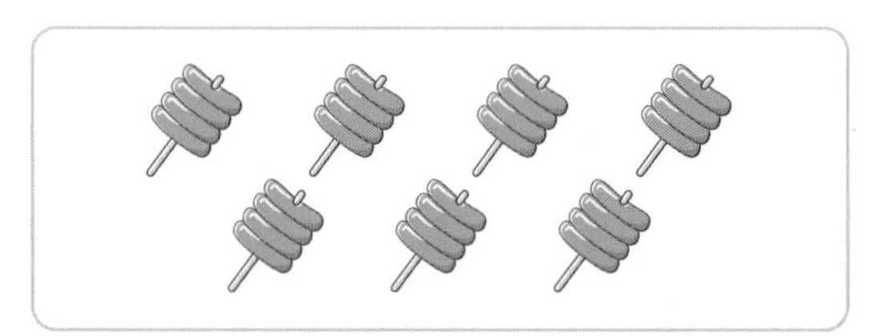

$4 \times 7 = \square$

7

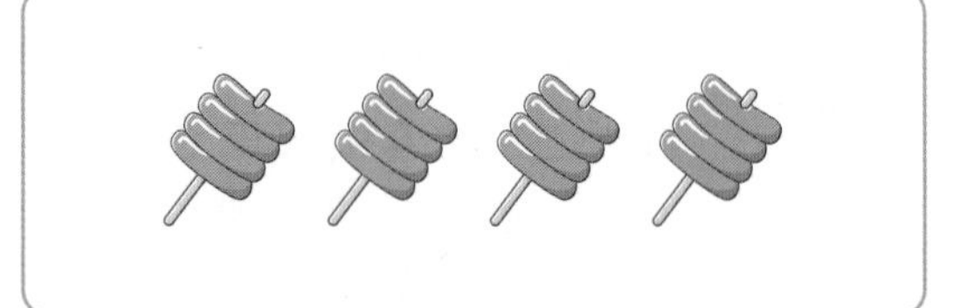

$4 \times 4 = \square$

4

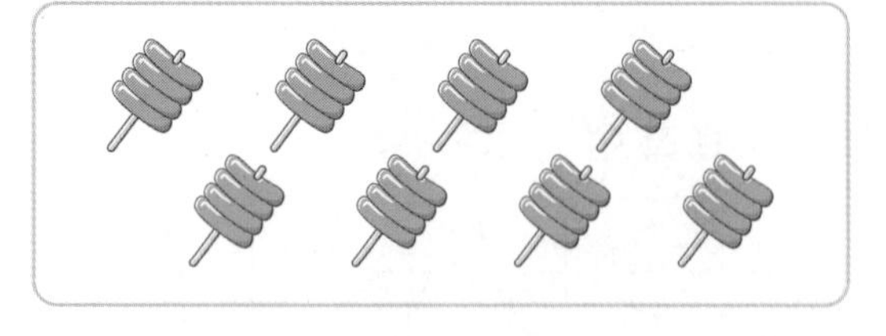

$4 \times 8 = \square$

8

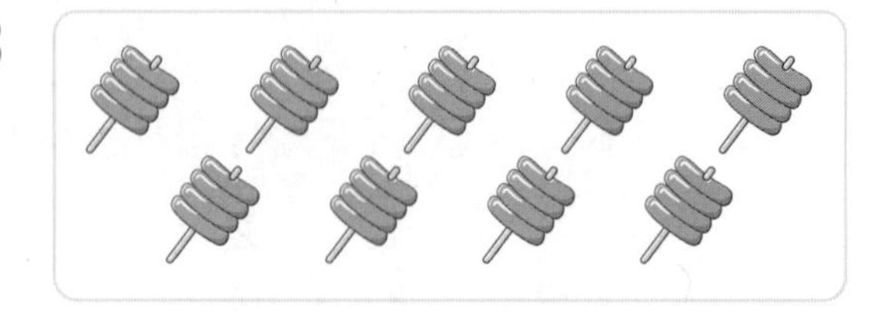

$4 \times 9 = \square$

 그림을 보고 □ 안에 알맞은 수를 써넣으세요.

9

$8 \times 3 = \square$

10

$8 \times 5 = \square$

11

$8 \times 6 = \square$

12

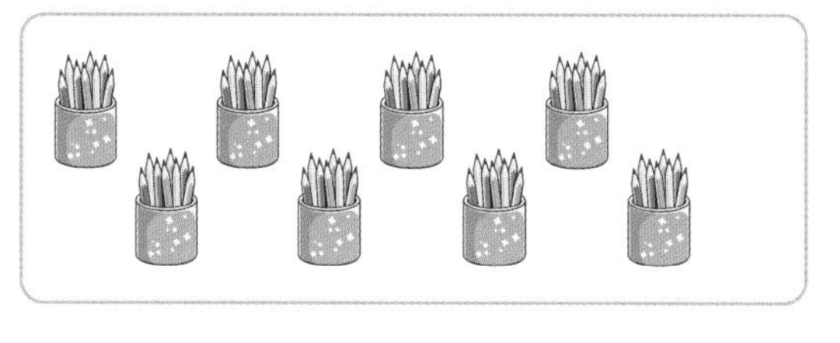

$8 \times 8 = \square$

13

$8 \times 2 = \square$

14

$8 \times 4 = \square$

15

$8 \times 7 = \square$

16

$8 \times 9 = \square$

스스로 평가

2 반복 일

4의 단, 8의 단 곱셈구구

계산해 보세요.

1 4×1

2 8×1

3 8×2

4 4×2

5 8×7

6 4×6

7 8×3

8 8×6

9 4×3

10 8×9

11 8×5

12 4×5

13 8×6

14 4×9

15 4×8

16 8×8

17 4×4

18 8×4

19 4×7

20 4×3

21 4×6

공부한 날 월 일 | 맞힌 개수 개 | 걸린 시간 분

계산해 보세요.

22 8×4

23 4×7

24 8×2

25 4×3

26 8×6

27 4×4

28 8×3

29 8×7

30 4×1

31 8×5

32 4×5

33 8×9

34 4×8

35 8×4

36 4×6

37 8×3

38 4×2

39 8×1

40 4×4

41 8×8

42 4×9

3일 반복

4의 단, 8의 단 곱셈구구

계산해 보세요.

1 4×9

2 8×4

3 4×6

4 4×3

5 8×3

6 4×1

7 4×7

8 8×5

9 8×9

10 4×5

11 8×8

12 4×4

13 8×1

14 8×9

15 4×8

16 8×2

17 4×7

18 8×7

19 4×2

20 8×6

21 4×9

계산해 보세요.

22 4×8

29 4×9

36 8×5

23 8×8

30 8×4

37 4×7

24 4×2

31 4×4

38 8×9

25 8×3

32 8×7

39 8×2

26 4×5

33 8×1

40 4×3

27 4×1

34 4×6

41 8×6

28 8×7

35 8×8

42 4×8

스스로 평가

4의 단, 8의 단 곱셈구구

□ 안에 알맞은 수를 써넣으세요.

1 $4 \times \square = 8$

2 $8 \times \square = 8$

3 $4 \times \square = 4$

4 $8 \times \square = 56$

5 $4 \times \square = 28$

6 $8 \times \square = 64$

7 $4 \times \square = 12$

8 $8 \times \square = 40$

9 $4 \times \square = 20$

10 $8 \times \square = 72$

11 $8 \times \square = 32$

12 $4 \times \square = 16$

13 $8 \times \square = 48$

14 $8 \times \square = 24$

15 $4 \times \square = 24$

16 $8 \times \square = 16$

17 $4 \times \square = 12$

18 $4 \times \square = 36$

19 $8 \times \square = 24$

20 $4 \times \square = 32$

21 $4 \times \square = 24$

✎ □ 안에 알맞은 수를 써넣으세요.

22 $8 \times \square = 24$

23 $4 \times \square = 20$

24 $8 \times \square = 64$

25 $4 \times \square = 32$

26 $8 \times \square = 40$

27 $4 \times \square = 8$

28 $4 \times \square = 16$

29 $4 \times \square = 36$

30 $8 \times \square = 48$

31 $8 \times \square = 16$

32 $4 \times \square = 4$

33 $8 \times \square = 72$

34 $4 \times \square = 28$

35 $8 \times \square = 48$

36 $4 \times \square = 24$

37 $8 \times \square = 32$

38 $4 \times \square = 16$

39 $8 \times \square = 8$

40 $4 \times \square = 12$

41 $8 \times \square = 56$

42 $8 \times \square = 32$

스스로 평가

4의 단, 8의 단 곱셈구구

빈 곳에 두 수의 곱을 써넣으세요.

1 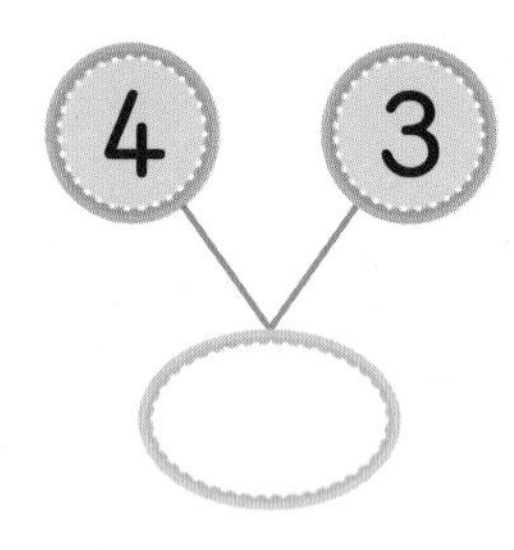

2 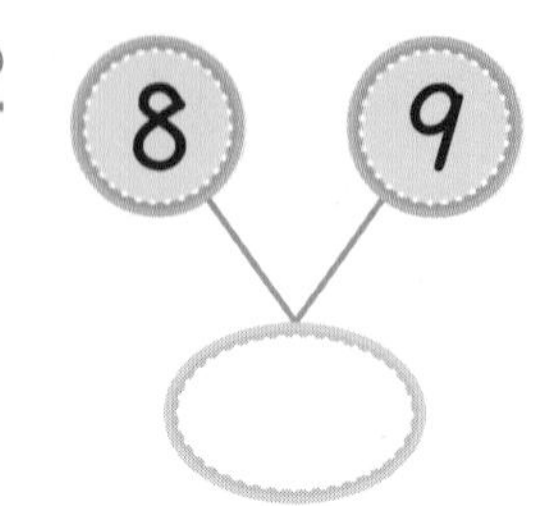

3 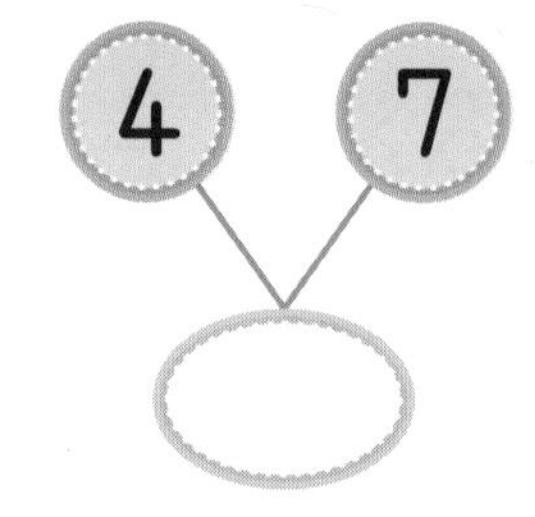

4 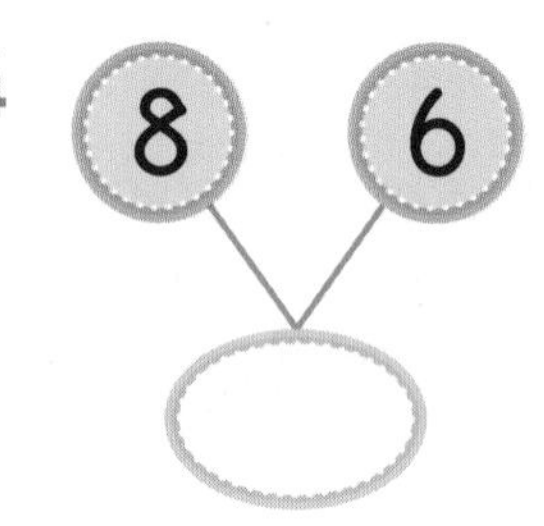

5 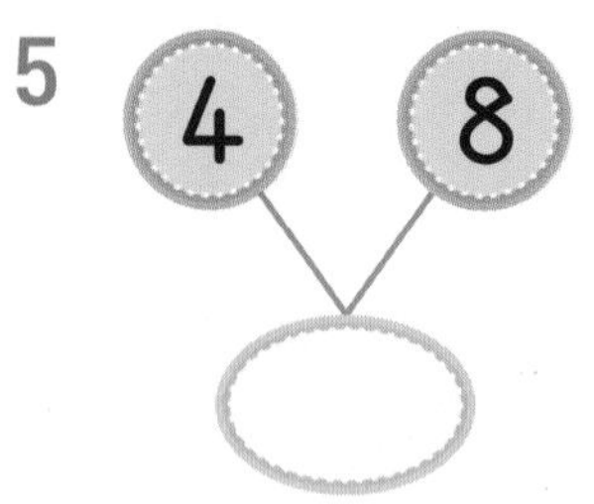

6 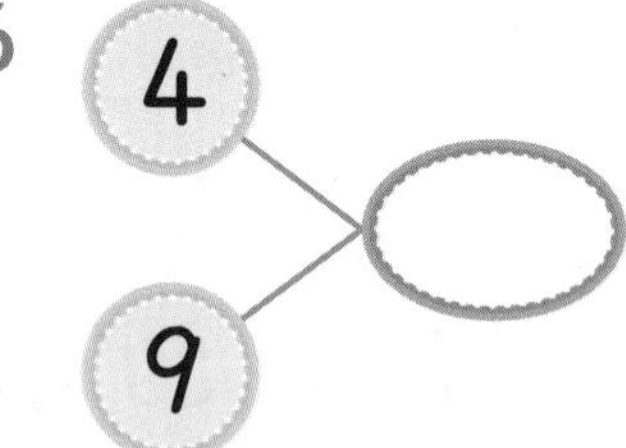

7 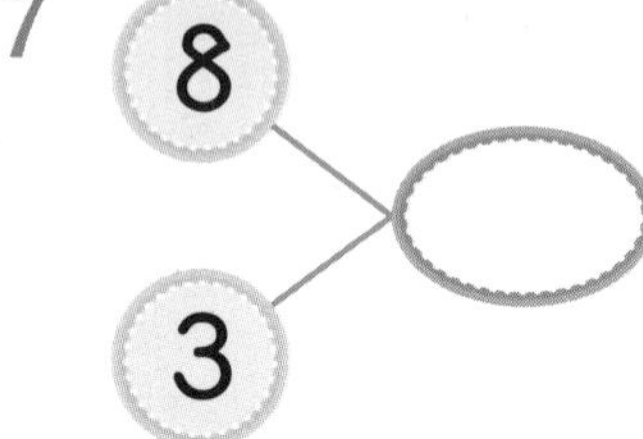

8 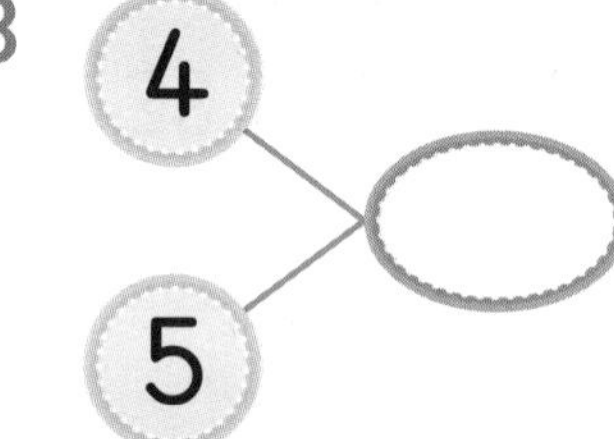

9 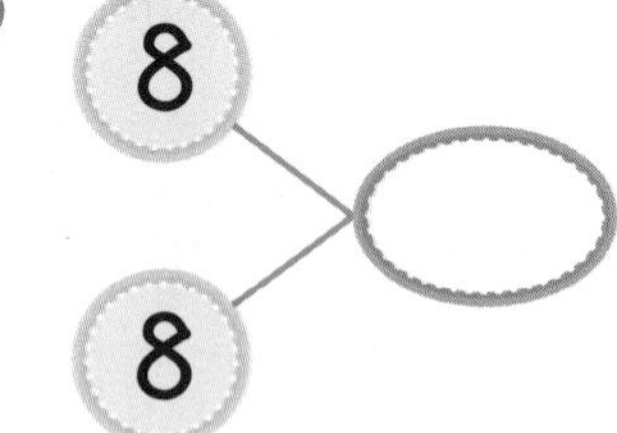

10 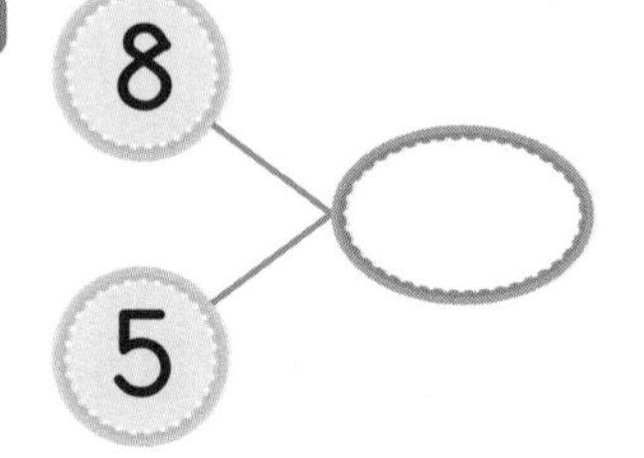

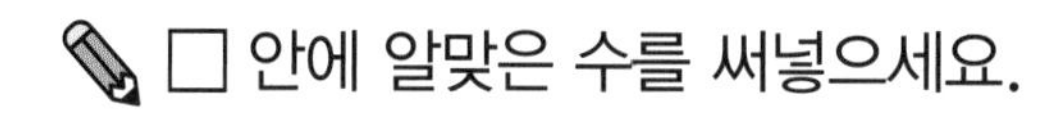
□ 안에 알맞은 수를 써넣으세요.

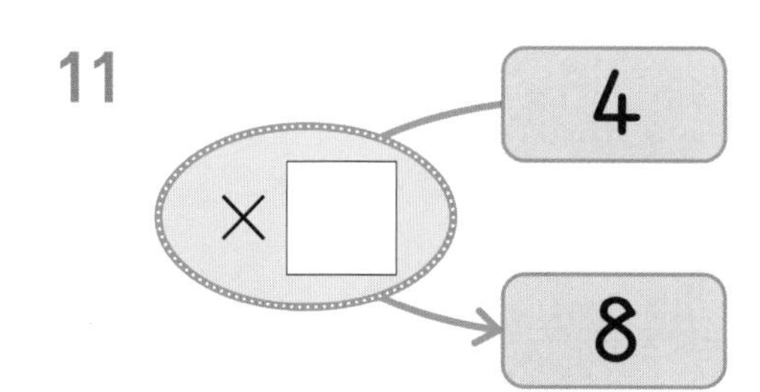

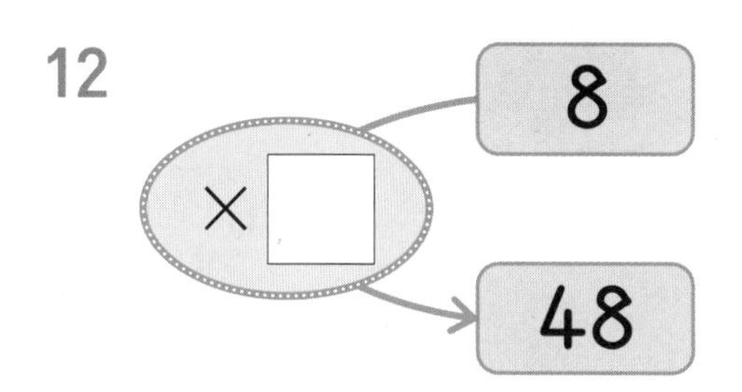

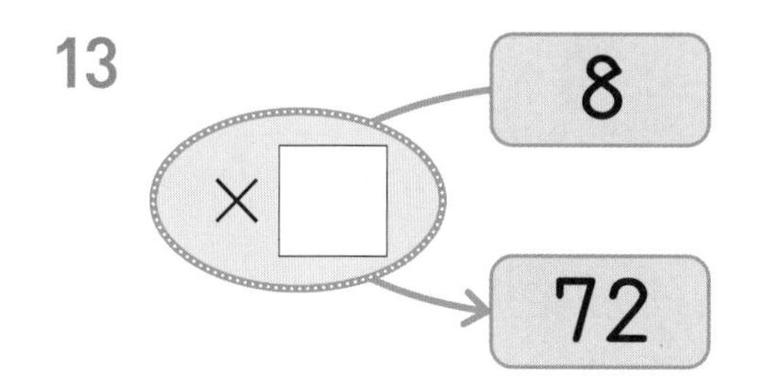

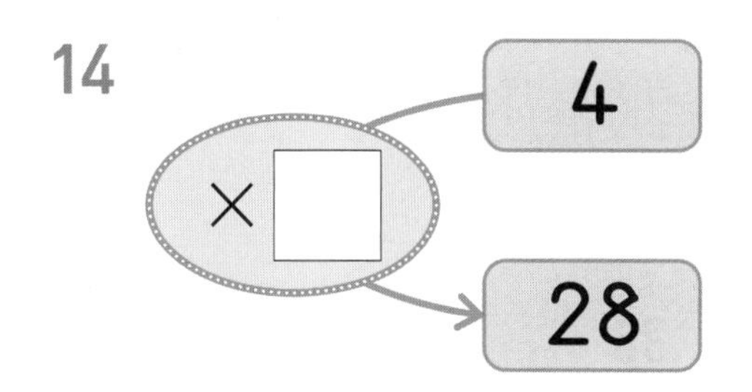

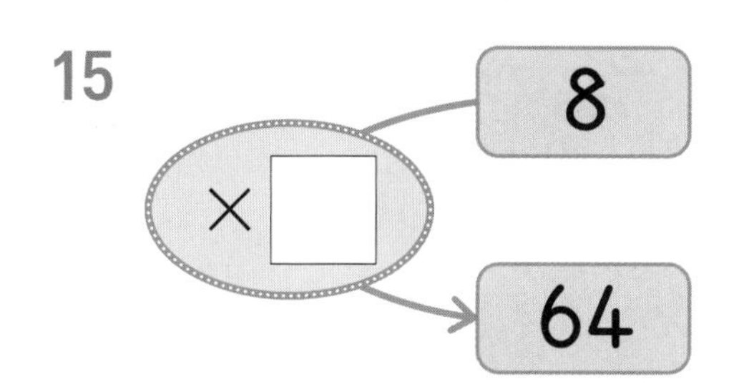

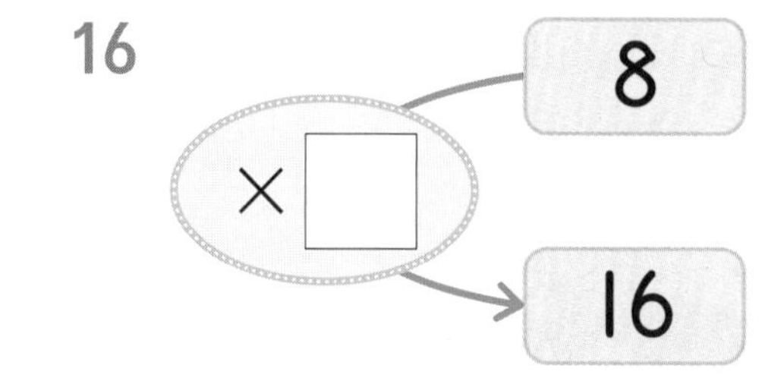

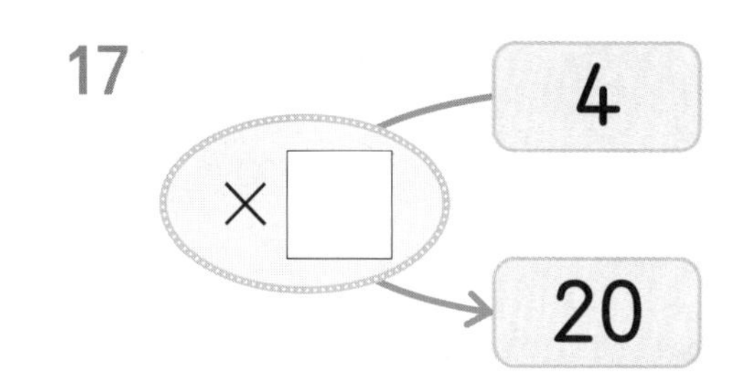

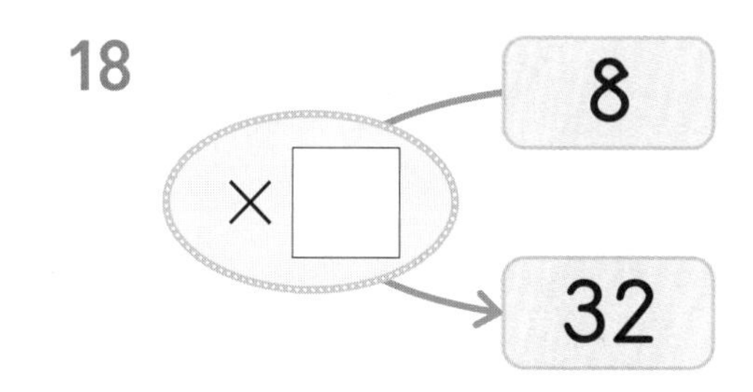

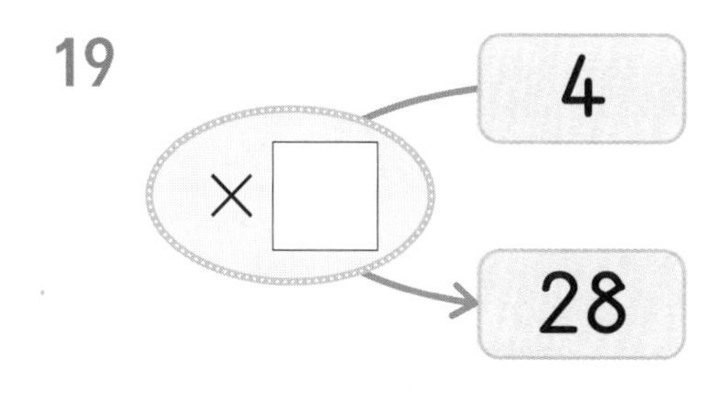

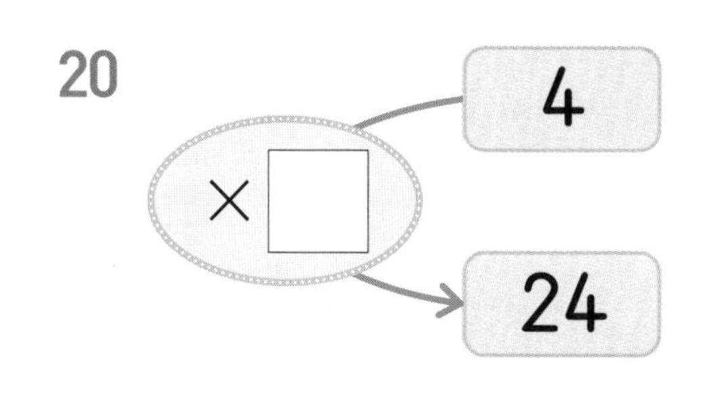

스스로 평가

계산 결과를 따라 길을 가 보세요.

✎ □ 안에 알맞은 수를 찾아 알맞은 색으로 칠해 보세요.

7의 단, 9의 단 곱셈구구

성훈이는 아빠와 함께 수산 시장에서 한 상자에 7마리씩 들어 있는 오징어와 한 상자에 9마리씩 들어 있는 조개를 사려고 해요.

- 오징어 3상자는 모두 몇 마리인가요?
  ➡ 7마리씩 3상자는 $7+7+7=21$(마리)예요.
  이것을 곱셈식으로 나타내면 $7 \times 3 = 21$(마리)예요.
- 오징어 5상자는 모두 몇 마리인가요?
  ➡ 7마리씩 5상자는 $7+7+7+7+7=35$(마리)예요.
  이것을 곱셈식으로 나타내면 $7 \times 5 = 35$(마리)예요.

- 조개 3상자는 모두 몇 마리인가요?
  ➡ 9마리씩 3상자는 $9+9+9=27$(마리)예요.
  이것을 곱셈식으로 나타내면 $9 \times 3 = 27$(마리)예요.
- 조개 4상자는 모두 몇 마리인가요?
  ➡ 9마리씩 4상자는 $9+9+9+9=36$(마리)예요.
  이것을 곱셈식으로 나타내면 $9 \times 4 = 36$(마리)예요.

학습계획

일차	1일 학습	2일 학습	3일 학습	4일 학습	5일 학습
공부할 날	월 일	월 일	월 일	월 일	월 일

7의 단 곱셈구구

$7\times1=7$	$7\times4=28$	$7\times7=49$
$7\times2=14$	$7\times5=35$	$7\times8=56$
$7\times3=21$	$7\times6=42$	$7\times9=63$

9의 단 곱셈구구

$9\times1=9$	$9\times4=36$	$9\times7=63$
$9\times2=18$	$9\times5=45$	$9\times8=72$
$9\times3=27$	$9\times6=54$	$9\times9=81$

□ 안에 알맞은 수 구하기

- $7\times\square=28$에서 □ 안에 알맞은 수 구하기
  $7\times4=28$이므로 $7\times\square=28$ ➡ $\square=4$

  7의 단 곱셈구구를 이용해요.

- $9\times\square=54$에서 □ 안에 알맞은 수 구하기
  $9\times6=54$이므로 $9\times\square=54$ ➡ $\square=6$

  9의 단 곱셈구구를 이용해요.

개념 쏙쏙 노트

- 7의 단 곱셈구구에서 곱하는 수가 1씩 커지면 그 곱은 7씩 커집니다.

×	1	2	3	4	5	6	7	8	9
7	7	14	21	28	35	42	49	56	63

+7 +7 +7 +7 +7 +7 +7 +7

- 9의 단 곱셈구구에서 곱하는 수가 1씩 커지면 그 곱은 9씩 커집니다.

×	1	2	3	4	5	6	7	8	9
9	9	18	27	36	45	54	63	72	81

+9 +9 +9 +9 +9 +9 +9 +9

7의 단, 9의 단 곱셈구구

그림을 보고 □ 안에 알맞은 수를 써넣으세요.

1

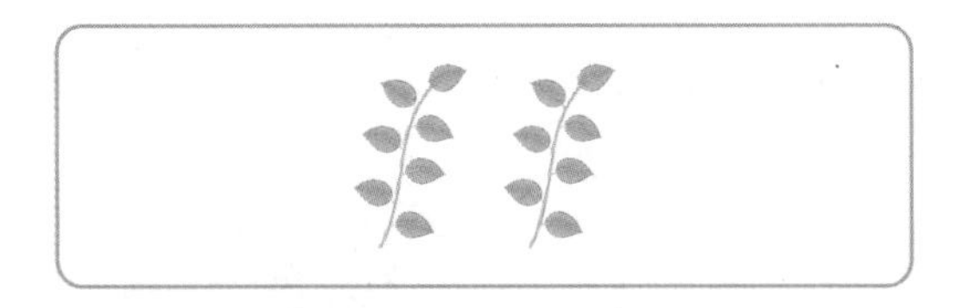

$7 \times 2 =$ □

2

$7 \times 4 =$ □

3

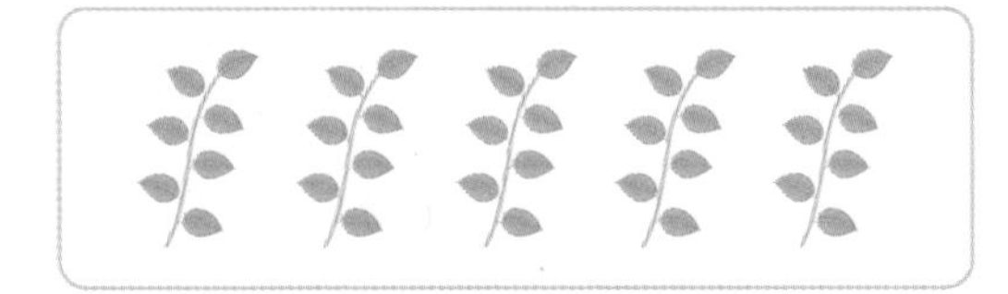

$7 \times 5 =$ □

4

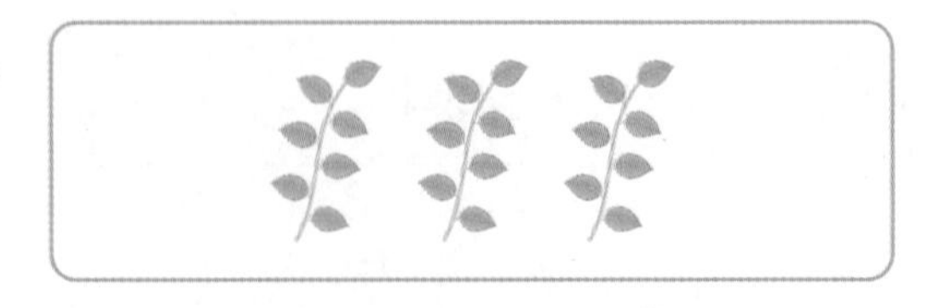

$7 \times 3 =$ □

5

$7 \times 7 =$ □

6

$7 \times 6 =$ □

7

$7 \times 8 =$ □

8

$7 \times 9 =$ □

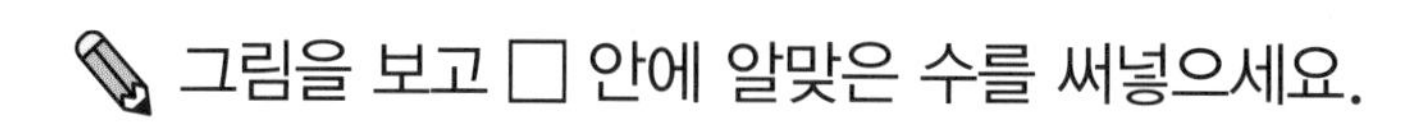

그림을 보고 □ 안에 알맞은 수를 써넣으세요.

9

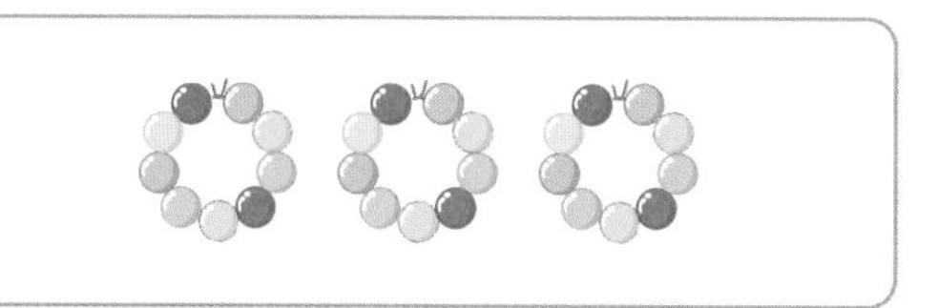

$9 \times 3 = \square$

13

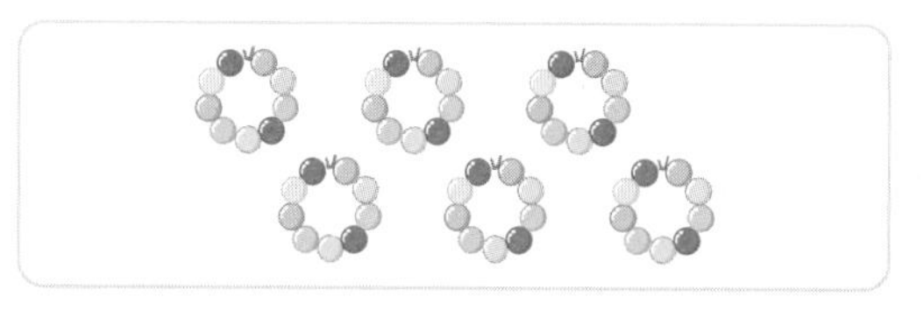

$9 \times 6 = \square$

10

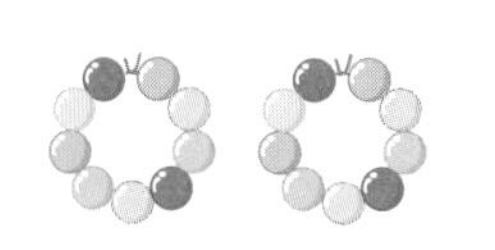

$9 \times 2 = \square$

14

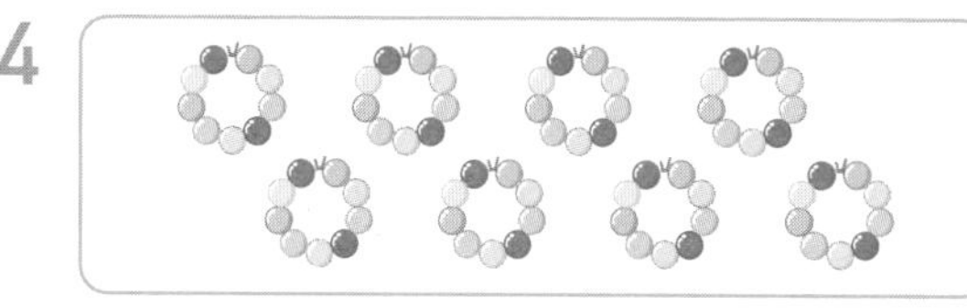

$9 \times 8 = \square$

11

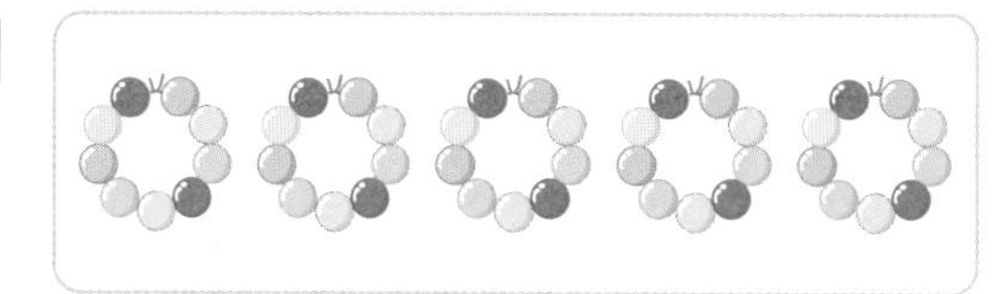

$9 \times 5 = \square$

15

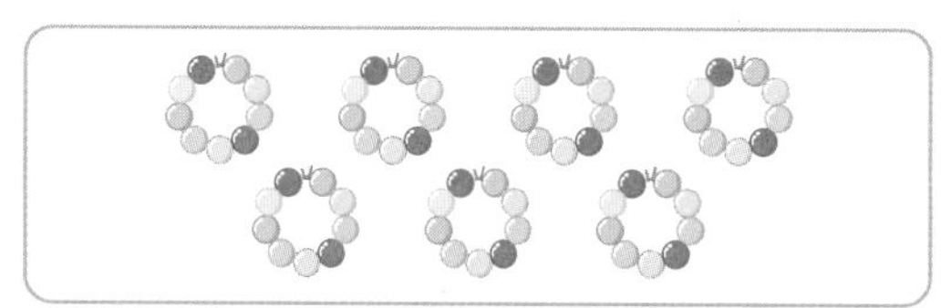

$9 \times 7 = \square$

12

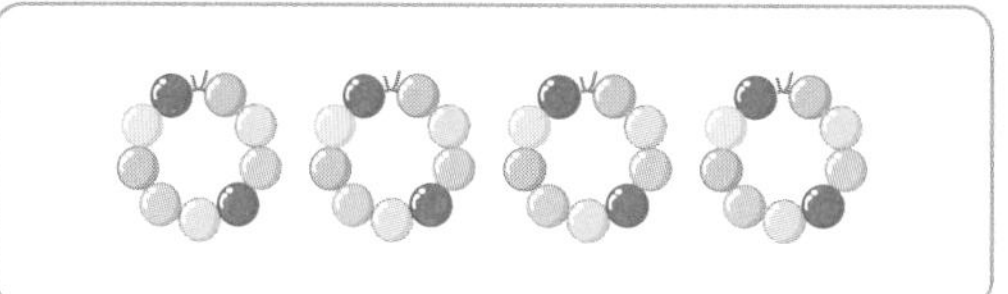

$9 \times 4 = \square$

16

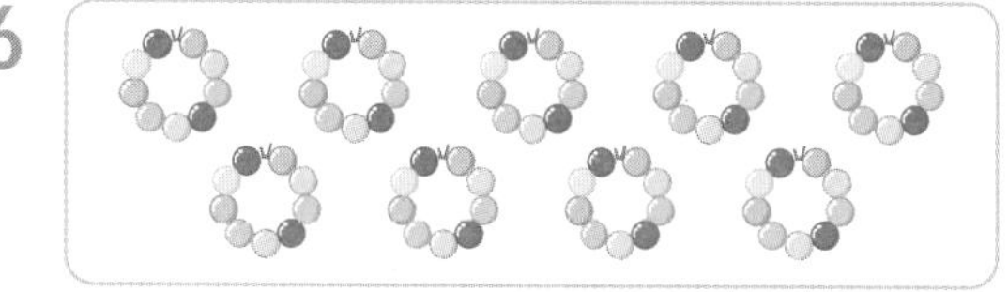

$9 \times 9 = \square$

스스로 평가

2일 반복 7의 단, 9의 단 곱셈구구

계산해 보세요.

1 7×2

2 9×2

3 7×1

4 9×1

5 9×6

6 7×7

7 7×3

8 7×4

9 9×3

10 7×5

11 9×5

12 7×6

13 9×9

14 9×6

15 9×4

16 7×3

17 9×7

18 7×9

19 9×8

20 7×8

21 7×4

계산해 보세요.

22 9×3

23 7×5

24 9×1

25 9×9

26 7×3

27 9×7

28 9×4

29 7×6

30 9×6

31 7×2

32 7×8

33 9×5

34 7×7

35 9×3

36 7×4

37 9×2

38 9×4

39 7×1

40 9×8

41 7×9

42 7×6

스스로 평가

3일 반복 7의 단, 9의 단 곱셈구구

계산해 보세요.

1 7×1

2 9×2

3 7×3

4 9×6

5 7×7

6 9×7

7 7×6

8 9×1

9 7×2

10 9×4

11 7×6

12 9×8

13 7×9

14 7×3

15 7×5

16 9×3

17 7×4

18 9×5

19 7×8

20 9×9

21 9×6

계산해 보세요.

22 7×6

29 9×3

36 7×4

23 7×7

30 7×3

37 7×9

24 9×4

31 9×9

38 7×1

25 7×2

32 7×5

39 9×2

26 9×8

33 9×5

40 7×6

27 7×8

34 9×1

41 9×7

28 7×4

35 9×4

42 9×3

스스로 평가

7의 단, 9의 단 곱셈구구

□ 안에 알맞은 수를 써넣으세요.

1 $9 \times \square = 72$

2 $7 \times \square = 21$

3 $9 \times \square = 81$

4 $7 \times \square = 7$

5 $9 \times \square = 18$

6 $7 \times \square = 35$

7 $7 \times \square = 56$

8 $7 \times \square = 63$

9 $9 \times \square = 27$

10 $7 \times \square = 56$

11 $9 \times \square = 54$

12 $9 \times \square = 63$

13 $7 \times \square = 49$

14 $9 \times \square = 81$

15 $9 \times \square = 36$

16 $7 \times \square = 14$

17 $9 \times \square = 9$

18 $7 \times \square = 42$

19 $7 \times \square = 28$

20 $9 \times \square = 45$

21 $9 \times \square = 72$

□ 안에 알맞은 수를 써넣으세요.

22 $7 \times \square = 49$

23 $9 \times \square = 36$

24 $7 \times \square = 63$

25 $7 \times \square = 21$

26 $9 \times \square = 72$

27 $7 \times \square = 35$

28 $7 \times \square = 49$

29 $9 \times \square = 9$

30 $7 \times \square = 42$

31 $9 \times \square = 81$

32 $9 \times \square = 27$

33 $9 \times \square = 45$

34 $7 \times \square = 56$

35 $9 \times \square = 63$

36 $7 \times \square = 28$

37 $9 \times \square = 63$

38 $7 \times \square = 14$

39 $9 \times \square = 54$

40 $7 \times \square = 7$

41 $9 \times \square = 18$

42 $7 \times \square = 63$

스스로 평가

7의 단, 9의 단 곱셈구구

빈 곳에 알맞은 수를 써넣으세요.

1 ⊗ →

7	3	

2 ⊗ →

9	5	

3 ⊗ →

7	8	

4 ⊗ →

9	8	

5 ⊗ →

7	5	

6
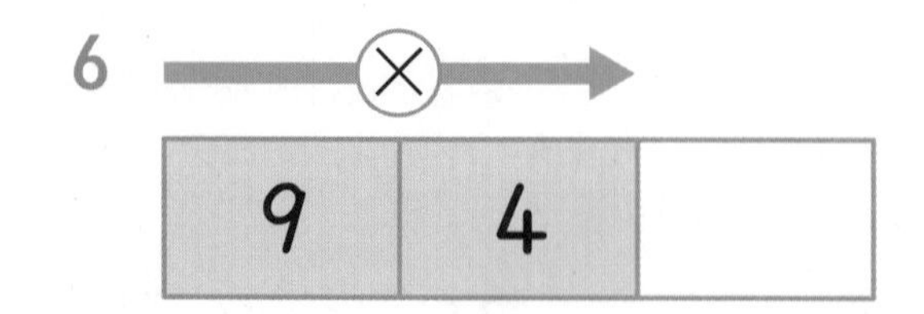

7
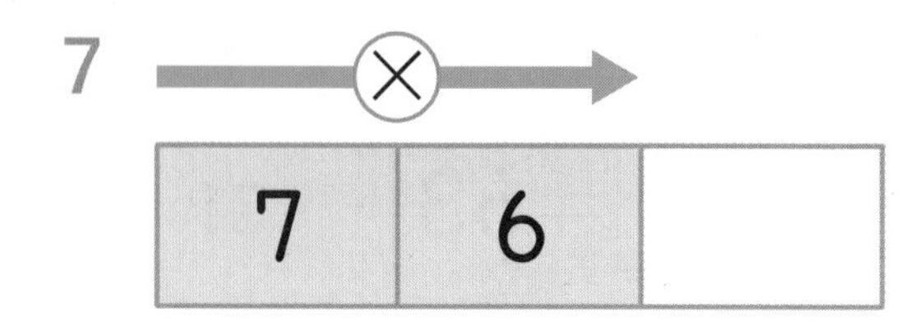

8
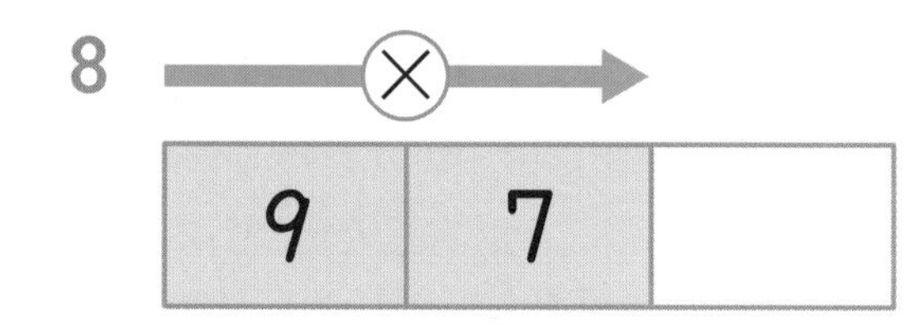

9
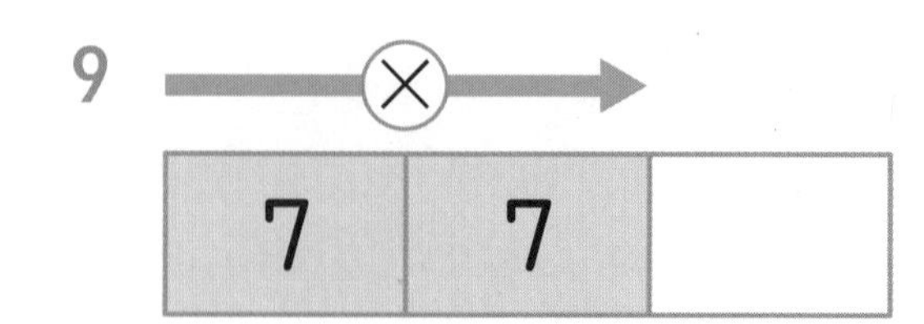

10
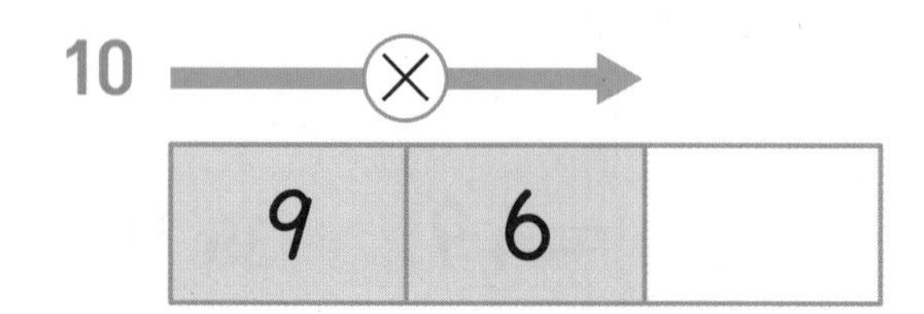

공부한 날	월 일

맞힌 개수	개
걸린 시간	분

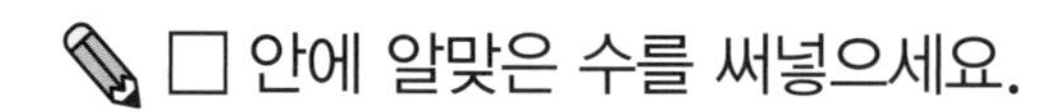
□ 안에 알맞은 수를 써넣으세요.

11
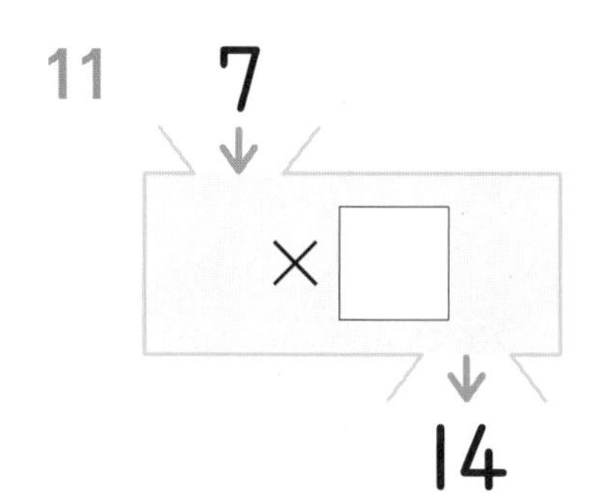

12
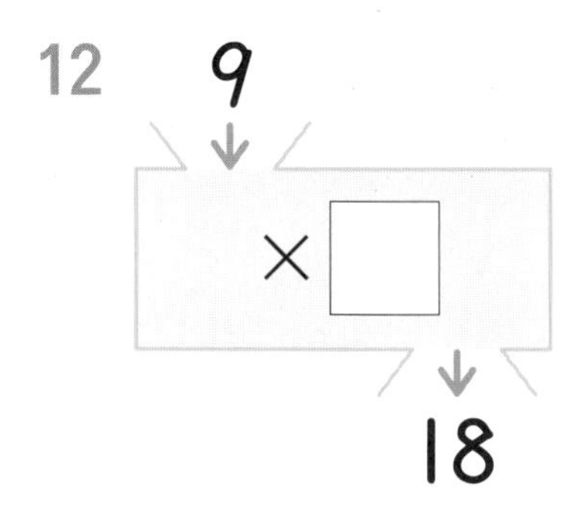

13
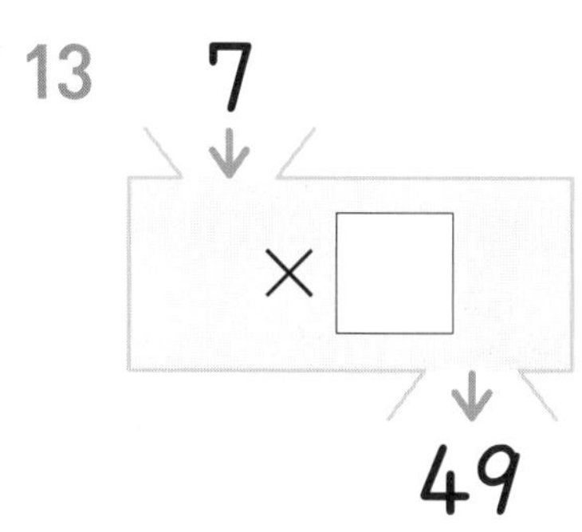

14
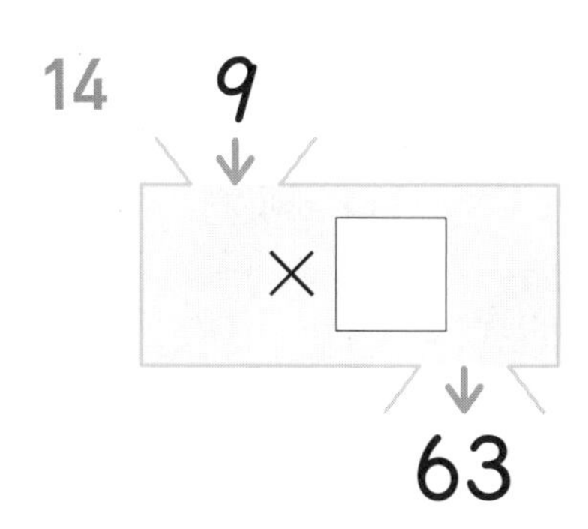

15
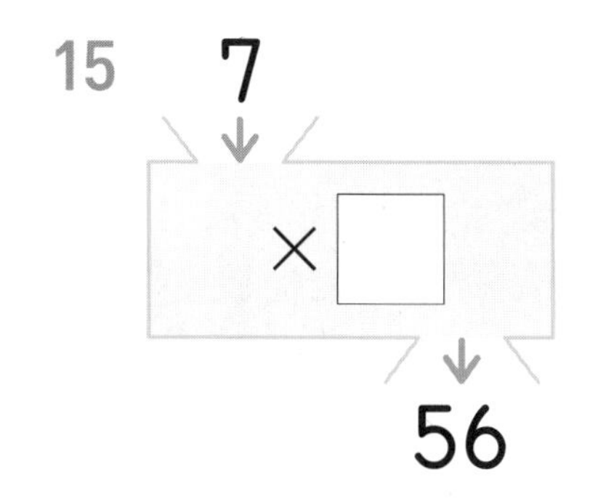

16
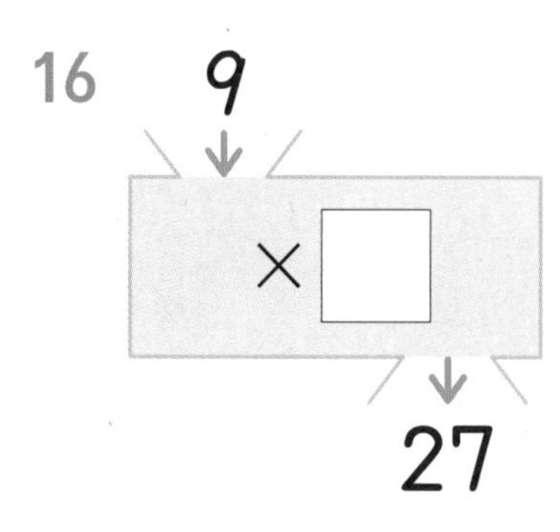

17
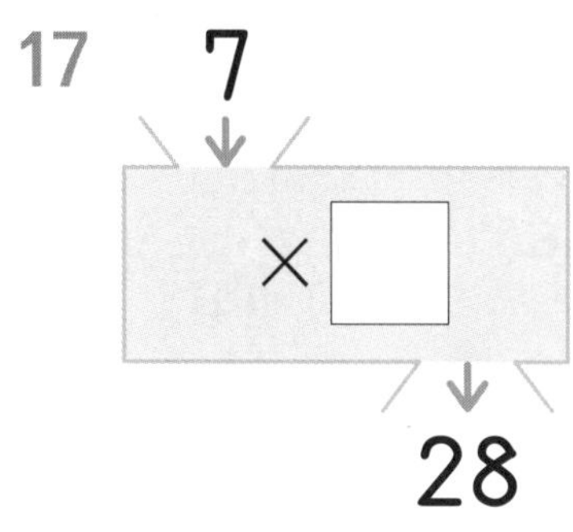

18
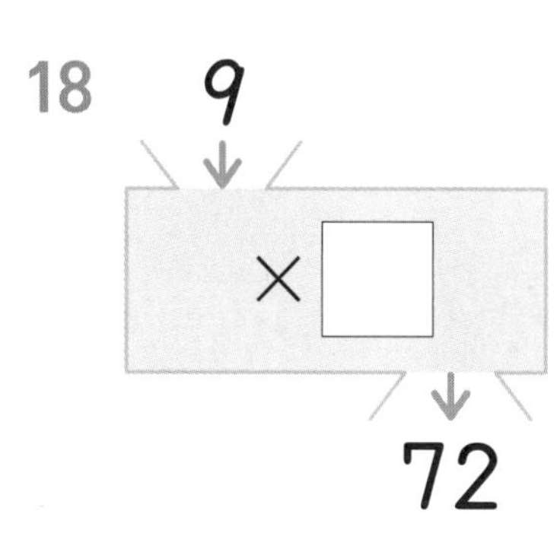

19
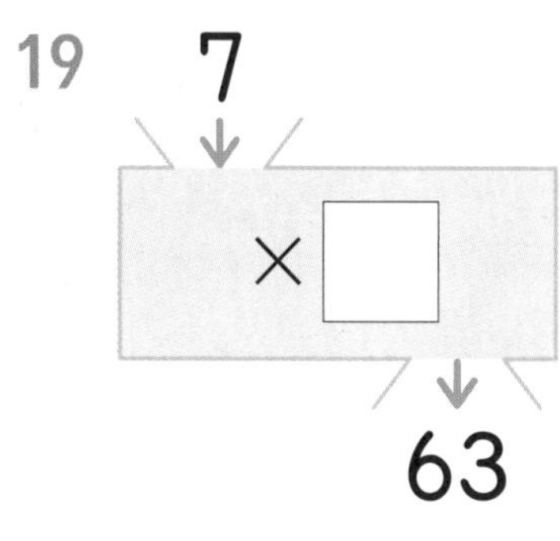

20
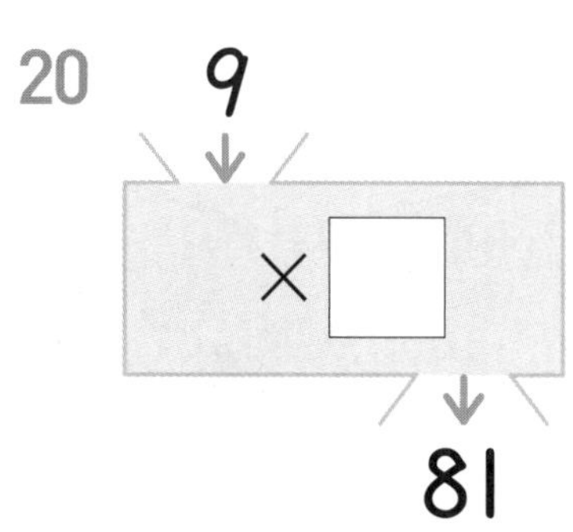

스스로 평가

7의 단 곱셈구구를 쓰고 계산 결과를 찾아 작은 것부터 차례로 이어 보세요.

✎ 사과와 감은 한 상자에 7개씩 들어 있고 귤과 망고는 한 상자에 9개씩 들어 있어요. 지윤이는 사과 35개, 성현이는 감 28개, 준수는 귤 54개, 혜리는 망고 27개를 사려고 해요. 과일을 각각 몇 상자씩 사야 하는지 말풍선에 써 보세요.

3권 ㅣ 자연수의 덧셈과 뺄셈 (3) / 곱셈구구		일차	표준 시간	문제 개수
1주	일의 자리에서 받아올림이 있는 (두 자리 수) + (두 자리 수)	1일차	12분	33개
		2일차	12분	33개
		3일차	12분	33개
		4일차	12분	33개
		5일차	8분	18개
2주	십의 자리에서 받아올림이 있는 (두 자리 수) + (두 자리 수)	1일차	12분	33개
		2일차	12분	33개
		3일차	12분	33개
		4일차	12분	33개
		5일차	8분	20개
3주	받아내림이 있는 (두 자리 수) − (두 자리 수)	1일차	12분	33개
		2일차	12분	33개
		3일차	12분	33개
		4일차	12분	33개
		5일차	8분	20개
4주	덧셈식과 뺄셈식의 관계	1일차	8분	12개
		2일차	10분	20개
		3일차	10분	20개
		4일차	12분	20개
		5일차	10분	12개
5주	덧셈식과 뺄셈식에서 □의 값 구하기	1일차	10분	28개
		2일차	11분	32개
		3일차	10분	28개
		4일차	11분	32개
		5일차	15분	20개
6주	세 수의 덧셈과 뺄셈	1일차	10분	24개
		2일차	10분	24개
		3일차	10분	24개
		4일차	10분	24개
		5일차	10분	20개
7주	2의 단, 5의 단 곱셈구구	1일차	4분	16개
		2일차	8분	42개
		3일차	8분	42개
		4일차	8분	42개
		5일차	6분	20개
8주	3의 단, 6의 단 곱셈구구	1일차	4분	16개
		2일차	8분	42개
		3일차	8분	42개
		4일차	8분	42개
		5일차	6분	20개
9주	4의 단, 8의 단 곱셈구구	1일차	4분	16개
		2일차	8분	42개
		3일차	8분	42개
		4일차	8분	42개
		5일차	6분	20개
10주	7의 단, 9의 단 곱셈구구	1일차	4분	16개
		2일차	8분	42개
		3일차	8분	42개
		4일차	8분	42개
		5일차	6분	20개

자기 주도 학습력을 높이는
1일 10분 습관의 힘

1일 10분

초등 메가 계산력

3권

초등 2학년

자연수의 덧셈과 뺄셈 (3) / 곱셈구구

정답

메가 계산력 이것이 다릅니다!

수학, 왜 어려워할까요?

자연수

쉽게 느끼는 영역	어렵게 느끼는 영역
작은 수	큰 수
덧셈	뺄셈
덧셈, 뺄셈	곱셈, 나눗셈
곱셈	나눗셈
세 수의 덧셈, 세 수의 뺄셈	세 수의 덧셈과 뺄셈 혼합 계산
사칙연산의 혼합 계산	괄호를 포함한 혼합 계산

분수와 소수

쉽게 느끼는 영역	어렵게 느끼는 영역
배수	약수
통분	약분
소수의 덧셈, 뺄셈	분수의 덧셈, 뺄셈
분수의 곱셈, 나눗셈	소수의 곱셈, 나눗셈
분수의 곱셈과 나눗셈의 혼합계산	소수의 곱셈과 나눗셈의 혼합계산
사칙연산의 혼합 계산	괄호를 포함한 혼합 계산

아이들은 수와 연산을 습득하면서 나름의 난이도 기준이 생깁니다. 이때 '수학은 어려운 과목 또는 지루한 과목'이라는 덫에 한번 걸리면 트라우마가 되어 그 덫에서 벗어나기가 굉장히 어려워집니다.

"수학의 기본인 계산력이 부족하기 때문입니다."

계산력, "플로 스몰 스텝"으로 키운다!

1일 10분 초등 메가 계산력은 반복 학습 시스템 **"플로 스몰 스텝(flow small step)"**으로 구성하였습니다. **"플로 스몰 스텝(flow small step)"**이란, 학습 내용을 잘게 쪼개어 자연스럽게 단계를 밟아가며 학습하도록 하는 프로그램입니다. 이 방식에 따라 학습하다 보면 난이도가 높아지더라도 크게 어려움을 느끼지 않으면서 수학의 개념과 원리를 자연스럽게 깨우치게 되고, 수학을 어렵거나 지루한 과목이라고 느끼지 않게 됩니다.

1. 매일 꾸준히 하는 것이 중요합니다.

자전거 타는 방법을 한번 익히면 잘 잊어버리지 않습니다. 이것을 우리는 '체화되었다'라고 합니다. 자전거를 잘 타게 될 때까지 매일 넘어지고, 다시 달리고를 반복하기 때문입니다. 계산력도 마찬가지입니다.

계산의 원리와 순서를 이해해도 꾸준히 학습하지 않으면 바로 잊어버리기 쉽습니다. 계산을 잘하는 아이들은 문제 풀이 속도도 빠르고, 실수도 적습니다. 그것은 단기간에 얻을 수 있는 결과가 아닙니다. 지금 현재 잘하는 것처럼 보인다고 시간이 흐른 후에도 잘하는 것이 아닙니다. 자전거 타기가 완전히 체화되어서 자연스럽게 달리고 멈추기를 실수 없이 하게 될 때까지 매일 연습하듯, 계산력도 매일 꾸준히 연습해서 단련해야 합니다.

2. 빠른 것보다 정확하게 푸는 것이 중요합니다!

초등 교과 과정의 수학 교과서 "수와 연산" 영역에서는 문제에 대한 다양한 풀이법을 요구하고 있습니다. 왜 그럴까요?

기계적인 단순 반복 계산 훈련을 막기 위해서라기보다 더욱 빠르고 정확하게 문제를 해결하는 계산력 향상을 위해서입니다. 빠르고 정확한 계산을 하는 셈 방법에는 머리셈과 필산이 있습니다. 이제까지의 계산력 훈련으로는 손으로 직접 쓰는 필산만이 중요시되었습니다. 하지만 새 교육과정에서는 필산과 함께 머리셈을 더욱 강조하고 있으며 아이들에게도 이는 재미있는 도전이 될 것입니다. 그렇다고 해서 머리셈을 위한 계산 개념을 따로 공부해야 하는 것이 아닙니다. 체계적인 흐름에 따라 문제를 풀면서 자연스럽게 습득할 수 있어야 합니다.

초등 교과 과정에 맞춰 체계화된 1일 10분 초등 메가 계산력의 **"플로 스몰 스텝(flow small step)"** 프로그램으로 계산력을 키워 주세요.

계산력 향상은 중 · 고등 수학까지 연결되는 사고력 확장의 단단한 바탕입니다.

정답 1주 일의 자리에서 받아올림이 있는 (두 자리 수) + (두 자리 수)

1일

6쪽

번호	답	번호	답	번호	답
1	31	6	51	11	62
2	30	7	71	12	84
3	31	8	72	13	83
4	60	9	92	14	95
5	81	10	52	15	91

7쪽

번호	답	번호	답	번호	답
16	42	22	93	28	76
17	30	23	62	29	47
18	61	24	94	30	45
19	61	25	31	31	82
20	80	26	52	32	34
21	82	27	84	33	72

2일

8쪽

번호	답	번호	답	번호	답
1	62	6	46	11	64
2	90	7	62	12	50
3	71	8	70	13	81
4	55	9	83	14	61
5	63	10	94	15	53

9쪽

번호	답	번호	답	번호	답
16	36	22	41	28	73
17	42	23	52	29	42
18	90	24	73	30	84
19	55	25	91	31	53
20	82	26	68	32	66
21	56	27	72	33	81

3일

10쪽

번호	답	번호	답	번호	답
1	31	5	91	9	71
2	83	6	94	10	42
3	93	7	74	11	46
4	75	8	92	12	63

11쪽

번호	답	번호	답	번호	답
13	74	20	84	27	92
14	63	21	53	28	50
15	73	22	87	29	92
16	71	23	95	30	81
17	93	24	62	31	83
18	91	25	80	32	78
19	66	26	52	33	55

4일

12쪽

1	52	5	35	9	50
2	84	6	72	10	83
3	41	7	83	11	85
4	73	8	81	12	92

13쪽

13	51	20	62	27	73
14	74	21	52	28	61
15	95	22	71	29	53
16	82	23	96	30	74
17	63	24	92	31	98
18	85	25	70	32	86
19	94	26	80	33	70

5일

14쪽

1	31	6	43
2	40	7	31
3	43	8	50
4	64	9	53
5	64	10	45

15쪽

(위에서부터)

11	43, 55	15	41, 52
12	70, 91	16	51, 62
13	46, 33	17	70, 41
14	46, 85	18	61, 72

생각 수학

16쪽

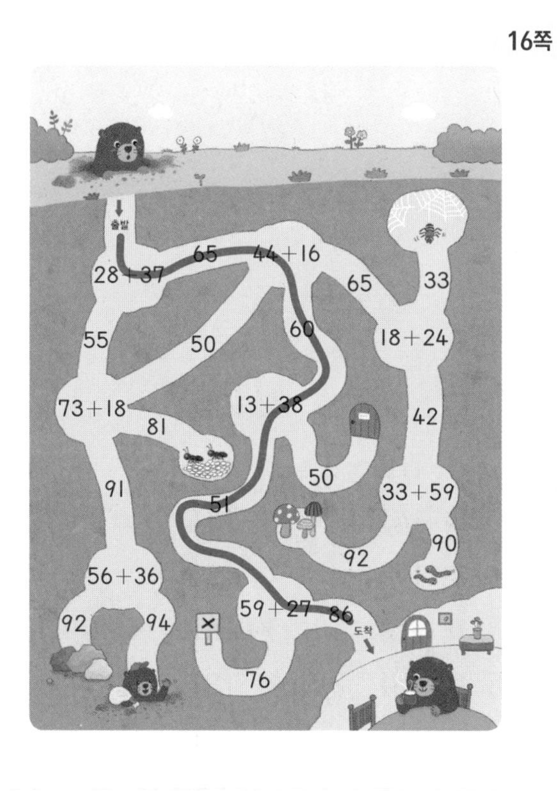

17쪽

정답 2주 십의 자리에서 받아올림이 있는 (두 자리 수) + (두 자리 수)

1일

20쪽

1	100	6	108	11	118
2	105	7	119	12	125
3	115	8	134	13	158
4	107	9	139	14	175
5	126	10	175	15	135

21쪽

16	105	22	118	28	147
17	117	23	167	29	178
18	127	24	138	30	158
19	127	25	136	31	149
20	119	26	138	32	155
21	106	27	136	33	118

2일

22쪽

1	122	6	143	11	192
2	164	7	173	12	163
3	120	8	142	13	134
4	181	9	141	14	120
5	171	10	121	15	130

23쪽

16	124	22	165	28	173
17	134	23	167	29	175
18	193	24	146	30	152
19	141	25	142	31	131
20	134	26	133	32	122
21	123	27	142	33	181

3일

24쪽

1	105	5	118	9	109
2	107	6	113	10	134
3	146	7	117	11	156
4	128	8	119	12	129

25쪽

13	130	20	124	27	142
14	112	21	143	28	112
15	141	22	184	29	155
16	174	23	152	30	190
17	112	24	161	31	130
18	161	25	131	32	151
19	133	26	141	33	125

4일

26쪽

번호	답	번호	답	번호	답
1	120	5	134	9	114
2	172	6	122	10	142
3	132	7	123	11	132
4	153	8	121	12	171

27쪽

번호	답	번호	답	번호	답
13	111	20	122	27	152
14	110	21	171	28	151
15	142	22	131	29	182
16	143	23	142	30	162
17	173	24	191	31	114
18	134	25	112	32	153
19	144	26	116	33	151

5일

28쪽

번호	답	번호	답
1	115	6	169
2	151	7	164
3	156	8	176
4	124	9	137
5	154	10	135

29쪽

번호	답	번호	답
11	105	16	109
12	158	17	125
13	139	18	137
14	156	19	121
15	121	20	176

생각 수학

30쪽

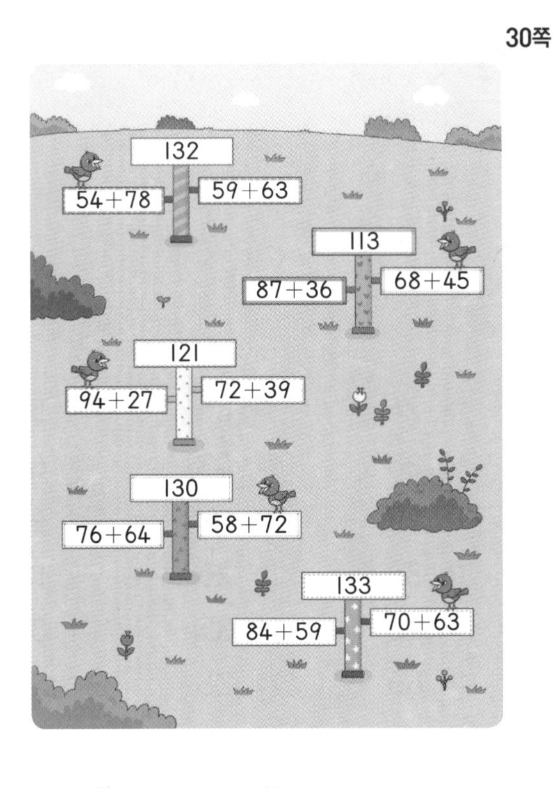

31쪽

정답 3주 받아내림이 있는 (두 자리 수) − (두 자리 수)

1일

34쪽

1	29	6	15	11	26
2	35	7	35	12	15
3	19	8	26	13	49
4	68	9	36	14	76
5	48	10	68	15	29

35쪽

16	15	22	48	28	28
17	43	23	17	29	28
18	36	24	47	30	26
19	75	25	14	31	64
20	47	26	36	32	28
21	18	27	12	33	9

2일

36쪽

1	64	6	35	11	15
2	26	7	22	12	47
3	16	8	37	13	56
4	23	9	2	14	29
5	58	10	47	15	34

37쪽

16	4	22	38	28	27
17	24	23	29	29	17
18	26	24	48	30	37
19	68	25	25	31	68
20	26	26	45	32	18
21	18	27	48	33	27

3일

38쪽

1	16	5	65	9	27
2	37	6	46	10	26
3	17	7	66	11	28
4	34	8	27	12	48

39쪽

13	26	20	66	27	54
14	35	21	43	28	69
15	77	22	16	29	47
16	39	23	26	30	18
17	35	24	37	31	38
18	55	25	28	32	29
19	17	26	44	33	28

4일

40쪽

1	29	5	17	9	26
2	19	6	79	10	56
3	68	7	28	11	59
4	29	8	32	12	49

41쪽

13	26	20	77	27	14
14	34	21	35	28	18
15	28	22	46	29	47
16	28	23	27	30	35
17	42	24	68	31	35
18	46	25	18	32	16
19	27	26	56	33	33

5일

42쪽

1	28	6	38
2	19	7	8
3	36	8	27
4	38	9	14
5	34	10	46

43쪽

11	47	16	44
12	45	17	36
13	17	18	27
14	17	19	18
15	53	20	66

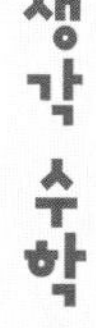

생각 수학

44쪽

43−25	64−37	51−16	82−54	33−18

28, 15, 18, 35, 27

45쪽

정답 4주 덧셈식과 뺄셈식의 관계

1일

48쪽

1 24 / 18 / 24
2 47 / 26 / 47
3 35 / 35 / 27
4 40 / 16 / 24
5 18 / 18 / 7
6 28 / 14 / 28

49쪽

7 29 / 29, 65 / 65
8 37 / 35 / 37, 72
9 29 / 28, 57 / 29, 57
10 28 / 28, 83 / 55, 83
11 26 / 28, 54 / 26, 54
12 46 / 7, 53 / 46, 53

2일

50쪽

1 17 / 32
2 16 / 25
3 38 / 65
4 26 / 26
5 34 / 34
6 8 / 34
7 37 / 53
8 17 / 29
9 27 / 15
10 29 / 43

51쪽

11 8 / 18
12 27 / 57
13 27 / 53
14 75 / 38
15 24 / 92
16 37 / 26
17 25 / 32
18 51 / 16
19 16 / 28
20 25 / 37

3일

52쪽

1 47 / 61, 47, 14
2 71, 59 / 59, 12
3 25, 46 / 71, 46
4 73, 47 / 26, 47
5 82, 58 / 82, 58, 24
6 77, 6 / 83, 77
7 85, 58 / 85, 27
8 84, 17 / 84, 67
9 9, 55 / 64, 9
10 18, 48 / 66, 48, 18

53쪽

11 17, 36 / 19, 36
12 86, 94 / 8, 94
13 15, 61 / 46, 61
14 27, 82 / 55, 82
15 17, 73 / 17, 56, 73
16 16, 52 / 36, 52
17 23, 71 / 48, 71
18 18, 81 / 18, 81
19 48, 93 / 48, 93
20 38, 94 / 56, 38, 94

4일

54쪽

1 $82-35=47$ / $82-47=35$
2 $96-28=68$ / $96-68=28$
3 $95-37=58$ / $95-58=37$
4 $92-28=64$ / $92-64=28$
5 $63-37=26$ / $63-26=37$
6 $92-8=84$ / $92-84=8$
7 $81-35=46$ / $81-46=35$
8 $64-37=27$ / $64-27=37$
9 $92-36=56$ / $92-56=36$
10 $97-19=78$ / $97-78=19$

55쪽

11 $28+17=45$ / $17+28=45$
12 $17+64=81$ / $64+17=81$
13 $7+84=91$ / $84+7=91$
14 $28+45=73$ / $45+28=73$
15 $45+36=81$ / $36+45=81$
16 $47+17=64$ / $17+47=64$
17 $17+75=92$ / $75+17=92$
18 $46+37=83$ / $37+46=83$
19 $54+38=92$ / $38+54=92$
20 $64+8=72$ / $8+64=72$

5일

56쪽

1 26 / 44, 26 / 26, 18
2 18 / 37, 19 / 18, 19
3 26, 50 / 50, 26 / 26, 24
4 48, 56 / 56, 48 / 56, 8
5 17, 42 / 25 / 17
6 18, 28 / 46, 28 / 28, 18

57쪽

7 41 / 34, 41 / 7, 41
8 28 / 13, 28 / 13, 41
9 33, 17 / 17, 33 / 16, 33
10 14 / 28, 42 / 14, 42
11 31, 15 / 16, 31 / 16, 15
12 46, 19 / 19, 46 / 27, 19

생각 수학

58쪽

예

59쪽

정답 5주 덧셈식과 뺄셈식에서 □의 값 구하기

1일

62쪽

1 18 / 32, 18
2 44 / 71, 44
3 35 / 81, 35
4 84 / 91, 84
5 27 / 65, 27
6 35 / 52, 35
7 16 / 82, 16
8 23 / 71, 23
9 29 / 54, 29
10 57 / 95, 57
11 57 / 63, 57
12 16 / 83, 16

63쪽

13 36
14 46
15 26
16 27
17 48
18 65
19 38
20 36
21 17
22 8
23 58
24 68
25 9
26 19
27 48
28 17

2일

64쪽

1 56
2 19
3 47
4 37
5 45
6 36
7 47
8 26
9 25
10 69
11 29
12 14
13 45
14 18
15 24
16 18

65쪽

17 35
18 28
19 18
20 29
21 8
22 65
23 48
24 56
25 57
26 29
27 9
28 38
29 73
30 17
31 69
32 17

3일

66쪽

1 40 / 11, 40
2 95 / 47, 95
3 81 / 26, 81
4 72 / 14, 72
5 61 / 14, 61
6 32 / 16, 32
7 38 / 71, 38
8 27 / 91, 27
9 6 / 84, 6
10 67 / 94, 67
11 38 / 52, 38
12 57 / 92, 57

67쪽

13 32
14 62
15 41
16 31
17 50
18 35
19 42
20 43
21 27
22 78
23 8
24 13
25 28
26 45
27 62
28 56

4일

68쪽

1 55
2 71
3 17
4 47
5 61
6 59
7 93
8 14
9 64
10 29
11 76
12 93
13 65
14 18
15 53
16 48

69쪽

17 36
18 56
19 93
20 81
21 7
22 45
23 94
24 58
25 62
26 90
27 15
28 61
29 62
30 23
31 72
32 27

5일

70쪽

1 34
2 47
3 37
4 27
5 45
6 37
7 27
8 58
9 18
10 36

71쪽

(위에서부터)

11 14, 31
12 45, 63
13 8, 6
14 26, 40
15 42, 33
16 51, 8
17 26, 19
18 27, 55
19 27, 52
20 38, 42

생각 수학

72쪽

73쪽

정답 6주 세 수의 덧셈과 뺄셈

1일

76쪽

1 67
2 103
3 77
4 96
5 125
6 156
7 98
8 144

77쪽

9 114
10 69
11 130
12 141
13 151
14 104
15 85
16 151
17 123
18 86
19 132
20 145
21 113
22 98
23 135
24 131

2일

78쪽

1 84
2 110
3 95
4 156
5 161
6 123
7 141
8 135

79쪽

9 101
10 155
11 156
12 142
13 112
14 117
15 154
16 145
17 107
18 76
19 162
20 168
21 123
22 107
23 196
24 212

3일

80쪽

1 16
2 12
3 5
4 27
5 16
6 17
7 41
8 31

81쪽

9 9
10 32
11 35
12 11
13 41
14 15
15 45
16 18
17 28
18 23
19 25
20 21
21 17
22 14
23 13
24 20

4일

82쪽

1	9	5	21
2	1	6	19
3	19	7	28
4	32	8	18

83쪽

9	31	17	9
10	8	18	20
11	26	19	21
12	14	20	17
13	19	21	19
14	4	22	23
15	3	23	19
16	19	24	7

5일

84쪽

1	50	6	95
2	81	7	123
3	77	8	125
4	71	9	107
5	82	10	94

85쪽

11	20	16	31
12	35	17	15
13	18	18	38
14	13	19	50
15	17	20	18

생각 수학

86쪽

87쪽

1
33 40 15
+19
+26
+17
58 76 78

3
52 73 66
−26
−18
−23
25 24 8

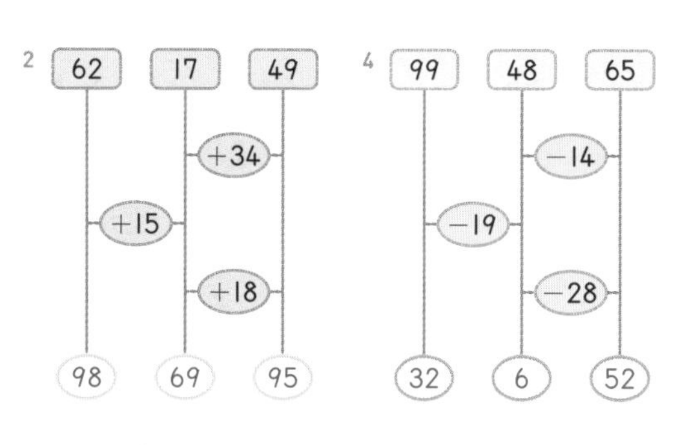

정답 7주 2의 단, 5의 단 곱셈구구

1일

90쪽

1 4
2 6
3 10
4 8
5 14
6 16
7 12
8 18

91쪽

9 10
10 15
11 25
12 30
13 20
14 40
15 35
16 45

2일

92쪽

1 2
2 5
3 4
4 10
5 14
6 25
7 15
8 20
9 6
10 35
11 8
12 10
13 30
14 18
15 40
16 10
17 45
18 16
19 12
20 14
21 20

93쪽

22 4
23 2
24 15
25 6
26 30
27 16
28 35
29 5
30 25
31 8
32 10
33 10
34 14
35 18
36 45
37 12
38 20
39 14
40 40
41 35
42 25

3일

94쪽

1 30
2 16
3 15
4 20
5 4
6 10
7 14
8 8
9 25
10 2
11 45
12 5
13 12
14 40
15 35
16 6
17 14
18 10
19 10
20 15
21 18

95쪽

22 15
23 10
24 14
25 30
26 6
27 16
28 25
29 45
30 5
31 35
32 4
33 20
34 12
35 40
36 16
37 10
38 8
39 45
40 2
41 35
42 18

4일

96쪽

번호	답	번호	답	번호	답
1	1	8	3	15	7
2	2	9	3	16	5
3	2	10	5	17	4
4	6	11	6	18	8
5	4	12	9	19	8
6	1	13	9	20	3
7	7	14	3	21	6

97쪽

번호	답	번호	답	번호	답
22	7	29	3	36	4
23	4	30	3	37	9
24	7	31	1	38	2
25	5	32	5	39	2
26	1	33	8	40	7
27	8	34	6	41	6
28	9	35	9	42	7

5일

98쪽

번호	답	번호	답
1	10	6	15
2	30	7	2
3	8	8	10
4	45	9	12
5	16	10	25

99쪽

번호	답	번호	답
11	6	16	2
12	9	17	1
13	4	18	3
14	7	19	7
15	8	20	9

생각 수학

100쪽

101쪽

20○○년 6월 12일 수요일 | 날씨: 맑음

엄마와 함께 유기견 돕기 바자회에서 팔 비누를 만들었다. 비누에 좋은 향기가 나도록 레몬향과 자몽향 오일을 넣었다. 레몬향이 나는 비누는 2개씩 6상자로 12 개를 만들었고, 자몽향이 나는 비누는 5개씩 8 상자로 40개를 만들었다. 이번 주 토요일 바자회에서 비누를 모두 팔아 유기견들에게 도움을 주고 싶다.

정답 8주 3의 단, 6의 단 곱셈구구

1일

104쪽

1 9
2 6
3 15
4 21
5 18
6 12
7 24
8 27

105쪽

9 24
10 18
11 12
12 42
13 36
14 30
15 54
16 48

2일

106쪽

1 12
2 3
3 6
4 6
5 18
6 30
7 42
8 9
9 24
10 36
11 15
12 48
13 12
14 27
15 18
16 12
17 24
18 54
19 21
20 36
21 24

107쪽

22 30
23 21
24 48
25 12
26 9
27 18
28 24
29 24
30 54
31 6
32 36
33 6
34 15
35 18
36 12
37 27
38 18
39 3
40 42
41 9
42 48

3일

108쪽

1 36
2 24
3 48
4 6
5 18
6 12
7 15
8 24
9 12
10 21
11 6
12 18
13 27
14 42
15 9
16 12
17 3
18 54
19 30
20 21
21 48

109쪽

22 12
23 54
24 9
25 36
26 3
27 18
28 21
29 18
30 24
31 15
32 6
33 42
34 27
35 18
36 30
37 6
38 24
39 24
40 48
41 12
42 54

4일

110쪽

1	1	8	8	15	6
2	1	9	6	16	2
3	7	10	2	17	8
4	9	11	3	18	4
5	3	12	9	19	4
6	2	13	5	20	7
7	9	14	7	21	5

111쪽

22	9	29	4	36	3
23	5	30	7	37	2
24	7	31	9	38	1
25	2	32	1	39	6
26	3	33	6	40	9
27	8	34	5	41	4
28	2	35	8	42	7

5일

112쪽

1	15	6	12
2	42	7	18
3	27	8	30
4	54	9	12
5	24	10	48

113쪽

11	3	16	3
12	9	17	2
13	7	18	4
14	6	19	8
15	6	20	1

생각 수학

114쪽

115쪽

정답 9주 4의 단, 8의 단 곱셈구구

1일

118쪽				119쪽			
1	8	5	24	9	24	13	16
2	20	6	12	10	40	14	32
3	28	7	16	11	48	15	56
4	32	8	36	12	64	16	72

2일

120쪽						121쪽					
1	4	8	48	15	32	22	32	29	56	36	24
2	8	9	12	16	64	23	28	30	4	37	24
3	16	10	72	17	16	24	16	31	40	38	8
4	8	11	40	18	32	25	12	32	20	39	8
5	56	12	20	19	28	26	48	33	72	40	16
6	24	13	48	20	12	27	16	34	32	41	64
7	24	14	36	21	24	28	24	35	32	42	36

3일

122쪽						123쪽					
1	36	8	40	15	32	22	32	29	36	36	40
2	32	9	72	16	16	23	64	30	32	37	28
3	24	10	20	17	28	24	8	31	16	38	72
4	12	11	64	18	56	25	24	32	56	39	16
5	24	12	16	19	8	26	20	33	8	40	12
6	4	13	8	20	48	27	4	34	24	41	48
7	28	14	72	21	36	28	56	35	64	42	32

4일

124쪽

1	2	8	5	15	6
2	1	9	5	16	2
3	1	10	9	17	3
4	7	11	4	18	9
5	7	12	4	19	3
6	8	13	6	20	8
7	3	14	3	21	6

125쪽

22	3	29	9	36	6
23	5	30	6	37	4
24	8	31	2	38	4
25	8	32	1	39	1
26	5	33	9	40	3
27	2	34	7	41	7
28	4	35	6	42	4

5일

126쪽

1	12	6	36
2	72	7	24
3	28	8	20
4	48	9	64
5	32	10	40

127쪽

11	2	16	2
12	6	17	5
13	9	18	4
14	7	19	7
15	8	20	6

생각 수학

128쪽

129쪽

정답 10주 7의 단, 9의 단 곱셈구구

1일

132쪽

1	14	5	49
2	28	6	42
3	35	7	56
4	21	8	63

133쪽

9	27	13	54
10	18	14	72
11	45	15	63
12	36	16	81

2일

134쪽

1	14	8	28	15	36
2	18	9	27	16	21
3	7	10	35	17	63
4	9	11	45	18	63
5	54	12	42	19	72
6	49	13	81	20	56
7	21	14	54	21	28

135쪽

22	27	29	42	36	28
23	35	30	54	37	18
24	9	31	14	38	36
25	81	32	56	39	7
26	21	33	45	40	72
27	63	34	49	41	63
28	36	35	27	42	42

3일

136쪽

1	7	8	9	15	35
2	18	9	14	16	27
3	21	10	36	17	28
4	54	11	42	18	45
5	49	12	72	19	56
6	63	13	63	20	81
7	42	14	21	21	54

137쪽

22	42	29	27	36	28
23	49	30	21	37	63
24	36	31	81	38	7
25	14	32	35	39	18
26	72	33	45	40	42
27	56	34	9	41	63
28	28	35	36	42	27

4일

138쪽

1	8	8	9	15	4
2	3	9	3	16	2
3	9	10	8	17	1
4	1	11	6	18	6
5	2	12	7	19	4
6	5	13	7	20	5
7	8	14	9	21	8

139쪽

22	7	29	1	36	4
23	4	30	6	37	7
24	9	31	9	38	2
25	3	32	3	39	6
26	8	33	5	40	1
27	5	34	8	41	2
28	7	35	7	42	9

5일

140쪽

1	21	6	36
2	45	7	42
3	56	8	63
4	72	9	49
5	35	10	54

141쪽

11	2	16	3
12	2	17	4
13	7	18	8
14	7	19	9
15	8	20	9

생각 수학

142쪽

143쪽

메모

1일 10분 초등 메가 계산력

정답